動物たちが夢を見るとき

動物意識の
秘められた世界

When
Animals
Dream

デイヴィッド・ピーニャ＝
グズマン
西尾義人 訳

青土社

The Hidden World
of Animal Consciousness
by David M. Peña-Guzmán

動物たちが夢を見るとき

目次

動物たちが夢を見るとき

動物意識の秘められた世界

はじめに　眠りの最前線

夢の内側でカチカチとかすかに聞こえる。
夜がその銀色の音をしたたらせる
私のうしろに。午前四時、私は目を覚ます。

――アン・カーソン[1]

ハイジの夢

アメリカの公共放送サービスＰＢＳに「ネイチャー」という長寿番組がある。そのシーズン38のエピソード１は「タコ――我が家へようこそ」というタイトルで、タコの内面生活に迫るという世にも珍しい旅に視聴者を誘《いざな》うものだった。[2]「タコは宇宙人にもっとも近い存在」というコピーで宣伝されたこの一時間のドキュメンタリー番組の主人公は、ハイジという名のメスのワモンダコ（*Octopus cyanea*）。ナレーターは、アラスカ・パシフィック大学の生物学者、デイヴィッド・シールだ。タコの飼育と言えば、たいていは水族館か研究室で行われるものだが、ハイジが飼われているのは、アンカレッジにあるシールの自宅だった――ハイジは、ペットと研究助手を兼ねた魅力的な同居人だったのである。

古代ギリシャの哲学者アリストテレスは、タコのことを「愚かな生き物」と書き記した。紀元前三五五年のことだ。しかし、このＰＢＳの番組はタコをそのようには描いていない。知的で、天性の好奇心をもった存在、ユニークな個性を有し、同種の仲間を見分けたり、複雑な問題を解決できる存在として、タコを語っているのである。番組の始まりから終わりまで、タコは意識をもった行動主体――自分が観察されていることに気づいているばかりか、お返しに相手を観察することも厭わない動物――として画面に登場した。「タコを見つめているとき」とシールは言う。「あなたはタコに見つめ返されているような気持ちになるでしょう。それは気のせいじゃありません。本当にあなたを見つめ返しているのです」

番組の終わり近くで紹介されるのは、ハイジが水槽で眠っている姿だ。シールは次のように報告する。「昨晩、私の知るかぎりこれまで一度も記録されたことのない『何か』を目撃しました」。続いて、約一分間の息を呑む映像が映し出される。最初は穏やかにくつろいでいたハイジだが、やがて肌の色が明るくなりはじめたかと思うと、さまざまな色のパターンが肌の上にドラマチックに出現する。どのパターンもうっとりするほど魅力的だ。シールが言った「何か」とは、タコが夢を見ている姿なのだろうか。シールはそれから、「体色の変化を実況すれば、彼女が見ている夢についても実況できるはずです」と述べ、ハイジの肌が変化していくさまを視聴者に逐一解説していく。

パターン1

ハイジの体色は、滑らかで継ぎ目のない石膏のような白から黄色に変わり、その黄色は、マンダリンオレンジの斑点を伴いながら、現れたり消えたりしている。「彼女は眠っています。そしてカニを見つけて、体色がちょっと変わりはじめます」

パターン2

黄色とオレンジの鮮やかな色調から暗い紫に変わる。とても濃い紫で、ほんの一瞬、ハイジの身体と濃紺の背景の境目がわからなくなる。「タコは水底を離れたときに、こういう色になります」とシールは説明する。普通、タコが水底を離れるのは獲物を捕まえたときだ。

パターン3

それから、ハイジの体色は明るい灰色や黄色へと次々に変化していく。ただしこのときは、乳頭状の突起《パピラ》が伸縮して皮膚が波打つように形を変えることで無秩序なトポロジーが生じ、それによって体色はさまざまに入り交じる。「これは擬態ですね。カニを確保して、その場で食べているようです。彼女は誰にも気づかれたくはないのでしょう[3]」

その後、カメラはシール本人に向けられ、シールは明らかに上機嫌とわかる調子でこう述べる。「これは本当にすばらしい……もし彼女が夢を見ていたら、それこそが夢のような話です」

番組のおかげで、ハイジの存在は一夜にして多くの人に知られることになった。数日のうちに何千もの人が番組の動画をSNSで共有し、主要な報道機関がこぞってこの話題を取り上げた。視聴者たちは、魅了されると同時にあっけにとられもした。眠っているハイジの体色の変化は、まさに身体を使った万華鏡だった。しかし、その変化にはいったいどんな意味があるのだろうか？　このような色と質感の変化の内部で、ハイジは何を考え、何を感じていたのか？　あるいはエリザベス・プレストンが「ニューヨーク・タイムズ」で述べたように、「タコと人間にはほとんど共通点がない。だとすれば、ハイジが何をしていたのかについて、誰が正確なことを言えるというのか？」

番組を離れて考えてみれば、さらに大きな疑問が浮かび上がってくる。眠っているとき、あるいは詩人のアン・カーソンの言う「夜がその銀色の音をしたたらせる」ときに、人間以外の動物の心のなかでは何が起きているのか？　そうした動物たちは、洞察に富んだ夜ごとの幻想、シェイクスピアが「働かない頭から生まれた子供」と呼んだもの、すなわち夢を、人間と同じように経験しているのだろうか？　あるいは、動物の心は、意識経験が根づくことのない精神的虚空に落ちていくだけなのだろうか？　タコばかりでなく、オウム、トカゲ、ゾウ、フクロウ、シマウマ、魚、マーモセット、イヌといった動物は、本当に夢を見ているのか？　もしそうならば、その動物がどういった存在で、この世界をどう生きているのかについて、そこから何がわかるだろうか？　あるいはそうでないならば、夢を見ることは、私たち人間とそれ以外の動物を隔てる認知上のルビコン川と言えるのだろうか？　スペインの哲学者ジョージ・サンタヤーナが主張したように、人間は「夢を見る動物」なのだろうか？[4]

本書はこうした疑問について書かれている。

動物の内面性

人間は、自分たち以外の動物が夢を見ている可能性について太古から好奇心を抱きつづけてきたが、[5]そのテーマに関する近代的な科学論文が登場するのは、意外にも二〇二〇年になってからのことだ。「比較神経学ジャーナル」に発表されたその論文のタイトルは「すべての哺乳類は夢を見るか？」とい

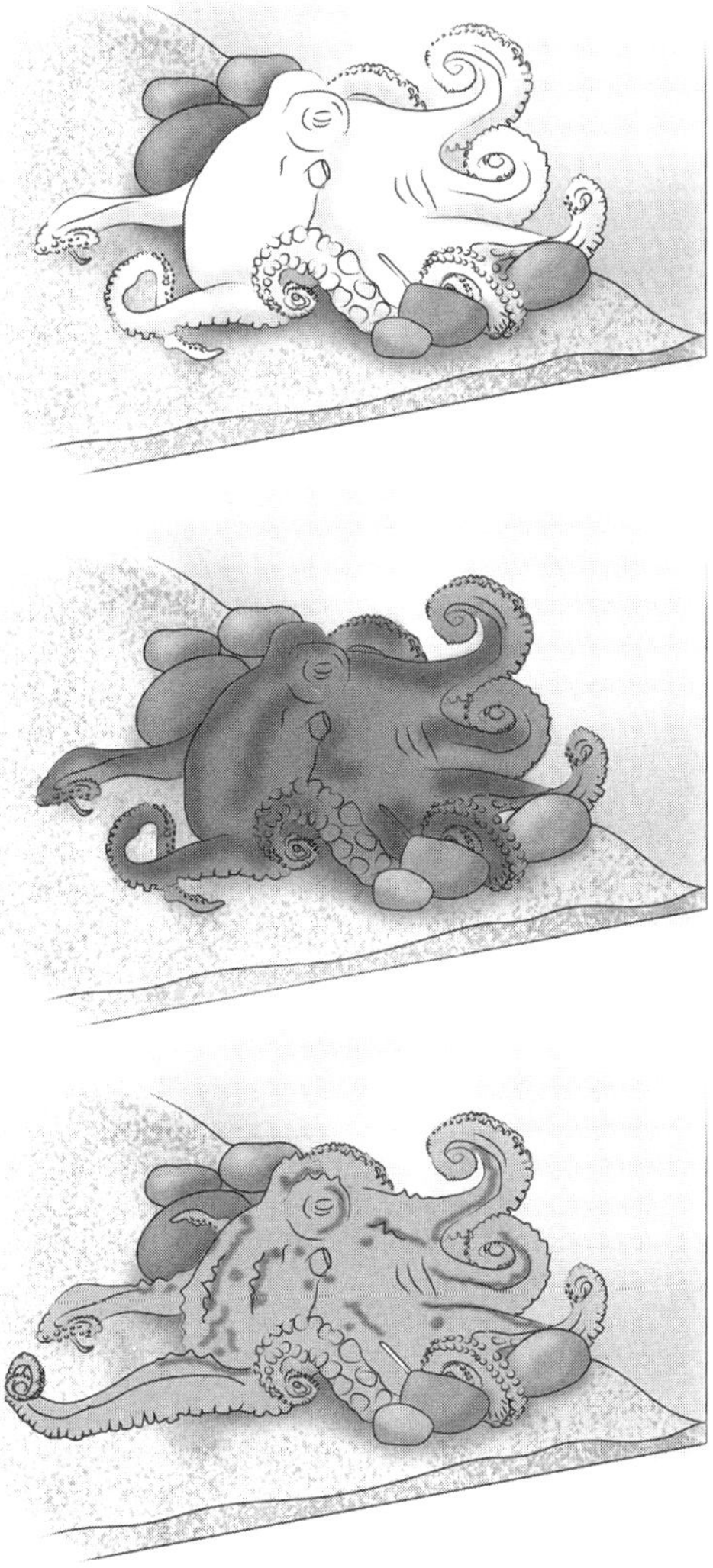

図1　眠っているハイジは、3種類の体色パターンを次々に示した。獲物を追いかけ、捕食した夢を見ているのだろうか？

うもので、生物学者のポール・マンガーとジェローム・シーゲルが著者だった。二人はそのなかで、人間だけが睡眠中に夢の継起を経験するという考えに疑問を投げかけた。そして、社会学者のユージーン・ホールトンが「心が夜に執り行う内なる象徴の儀式」[6]と呼んだもの、すなわち夢を見ることは、哺乳類の生活に普遍的に見られる特徴――母親の乳腺から栄養を得て育つ種が共有している何か――ではないかと論じた。この哺乳類中心主義的な仮説については第1章で詳しく見ることになるが、今はただ、マンガーとシーゲルの論文が、動物の睡眠研究における例外中の例外として異彩を放っていると指摘するにとどめよう――その論文は、「夢」や「夢を見る」という用語をホモ・サピエンス以外の動物とのつながりを明示したうえで使用している唯一の論文なのである。[7]

誤解のないよう言い添えておくが、マンガーとシーゲルの論文は、睡眠中の動物の心や身体の内側で起きていることに光を当てた唯一のものではない。唯一どころか、そうした論文は山のようにある。生物学者、心理学者、神経科学者は、ここ一〇〇年ほどの間に動物の睡眠の謎を次々に解明し、おかげで私たちの手には、睡眠と覚醒の境界線をまたぐ動物経験の詳細な見取り図が残された。にもかかわらず専門家たちは、自分たちの発見を「夢」という観点から記述しようとはしなかった。代わりに彼らが選んだのは、たとえば、「夢幻様行動[8]（oneiric behavior）」や「心的再生[9]（mental replay）」といった、現象学風の曖昧な用語を用いることだった。それによって専門家たちは、睡眠中の動物に何らかの主観的経験が生じているかという疑問に触れることなく、眠りを調整する生物学的プロセス、眠りを促す生理学的変化、眠りが引き起こす神経化学的変化など、動物の睡眠のメカニズムについて長々と講釈できるようになったのである。だが一方で、彼らの用語は不可知論を前提としており、そのせいで、動物が夢を見る可能性が提起するもっとも刺激的な哲学的疑問、とりわけ、意識、志向性、主観性に関する疑問のいくつかが消し去られてしまうことになった。

本書では、動物の睡眠に関する今日の研究成果を踏まえて、眠っている動物の「夢幻様行動」や「心的再生」と呼ばれているものが、実は、動物の内面で生成されたひと続きの夢——たとえ一時的であれ現実として経験されるもの——の結果として解釈されるべきことを示そうと思う。こうした現象学的解釈が気に入らず、否定したくなる人もいるかもしれない。だがその場合は、次の二つの対立する主張を同時に受け入れる必要があるだろう。一つは、人間が夢を見ているときの指標として広く受け入れられているものと同じ運動活動、神経活動のパターンを、多くの動物が睡眠中に示していること。そしてもう一つは、動物の内部にこうした活発な動きが観察されているにもかかわらず、その動物自身は、何も感じず、知覚せず、考えていないということだ。後者の主張を擁護しようと思えば、動物が眠りへと落ちた瞬間に、その心はエーテルのなかに魔法のように消えてしまうと信じるほかなくなるだろう。眠りの王国へと足を踏み入れた途端に、深淵が口を開けて動物たちを飲み込んでしまうというわけだ。この立場は非論理的とまでは言えないが、それでも、実験データを丹念に見ていけば、擁護できない説であることがわかる。科学者が（たとえば職業的な理由から自制して）動物の夢について言及しないとしても、彼らの発見は夢が存在していることを示唆しているのだ。

矛盾に満ちたダブルスタンダード[10]や、科学者が動物の夢について語りたがらない状況は問題だと私は思う。特に後者は、文化的偏見を根深いものにして、動物に対する残酷な扱いを正当化してしまう懸念がある。認知動物行動学の父ドナルド・グリフィンは、動物の意識に関する重要な論文のなかで、こうした文化的偏見を「精神恐怖症《メントフォビア》」と呼んだ。精神恐怖症とは要するに、動物を心をもった存在とみなすのを恐れることだ。[11] この恐怖の先には、動物を消費すべき食料、活用すべき労働力、使うべきリソース、培養および分離される試料として捉える世界が待ち受けている。言い換えれば、その世界では、動物は自分のやり方で生き、感じ、考える生き物ではないとみなされる。精神恐怖症は社会生活のあらゆる領域に影響を及ぼすが、とりわけ科学界に大きな圧力をかけていることにグリフィンは気がついた。この圧力は、科学者が研究対象の動物に複雑な心的状態を認めようとしたときに、もっとも顕著に現れるものだ。そう認めるのに十分な証拠があるときでさえ、圧力は避けられない。哲学者ノーマル・マルコムは、動物を「思考をもたない獣《けだもの》」と呼び、そうした生き物は、食べ、眠り、死にはするが、世界に対して意味のあるかたちで認知的、感情的、実存的なつながりをもつことは決してないと考えた。[12] 今ではその表現も評判が悪くなったが、それでも私たちの大半が依然として同様の動物観をもちつづけているのは、まさに精神恐怖症のせいにほかならない。いったんこのカテゴリーに押し込まれると、動物の運命はもう決まってしまう。「思考をもたない獣」に多くのことは期待できないからだ。

そして、その期待できないことの一つに「夢を見ること」がある。[13]

にもかかわらず、ハイジというアラスカでもっとも有名な頭足類の体色変化を眺めていると、人間と非人間という二つの主観的実在のぶつかり合いを目撃しているような気持ちが抑えがたくわいてくる。ハイジの荘厳な変化は、人間が立ち入るのを太古から拒んできた魅力的だが謎の多い実在の領域、すなわち動物の内面世界を、私たちの感覚の届くところまで運んできてくれるかのようだ。だが、なぜそのように思うのだろうか？　動物の夢の現象学ならば、その理由を説明できる可能性がある。ハイジの変化を目にしているときに、私たちがもう一つの主観的実在——認識可能であると同時に異質なもの——に対峙しているように感じるなら、それは、ハイジの肌の上をリズミカルに移りゆく色の帯が夢の存在を示しているからかもしれない。ハイジの夢、そして本書で見る他の動物たちの夢の存在は、私たちの世界と並んで、完全なる「他者」の世界、人間以外の動物の世界が存在することの、反論の余地のないしるしなのだ。

その世界には人間が描いた輪郭はない。

その世界の中心にいるのは人間以外の生物である。

統合的アプローチ

専門家のなかには、動物が夢を見るという考えによって、人間特有の能力が動物に投影され、擬人化が生じてしまうと懸念している者もいる。そうした専門家の考えに従えば、動物の研究者は、科学哲学者のピーター・ウィンチが行動の「外面記述」と呼んだものに徹するべきであって、動物の内面の考察は、アカデミアの同僚たる哲学者たちにまかせておけばよい、ということになるだろう。[14] 実際、このような知的労働の棲み分けを遵守しようと、多くの見解が提唱されている。たとえば専門家たちは、動物行動はできるかぎりシンプルに説明すべしという「モーガンの公準」の権威を持ち出したり、[15] 一人称の経験には誰も直接アクセスできないのだから動物が内面生活をもっているとは言えないとする、哲学的な「他者の心の問題」を訴えたりしてきた。[16] また別の折には、言葉の問題をちらつかせたこともある。共通する言語がない以上、動物の夢の性質や構造はおろか、動物がいつ、なぜ、いかに夢を見るのか、そもそも本当に夢を見るのかについて、実証的（経験的）に意味のある主張はできないというのだ。夢というものが、言葉を用いた主観的な報告（言葉をもたない動物にはできないこと）によってのみ推論できる、観察不能な心の出来事ではないとしたら、その正体はいったい何だというのか、というわけだ。

こうした考え方を魅力的に思う人もいることだろう。しかし、どれほど好ましく見えたとしても、その考え方が、「科学的な夢の研究は、夢の報告の編集、分析、解釈のみを土台として成り立つ」という、ある種の驕《おご》りに基づいているのは間違いのないところだ。たしかに夢の研究者は、私たちが「オフライン」のときに心や身体で何が起きているかについて、口頭報告から多くのことを学んできたし、その状況は現在でも続いている。とはいえ、一九八〇年代以降の夢研究で、言葉による報告の分析にのみ（あるいは大部分をそれに）基づいているものは、実はほとんど存在していない。むしろそれは、夢見体験の神経相関や行動相関、つまり、夢を見るという主観的経験に呼応する神経活動や身体動作の調査に基づいているのである。今日の人間の夢の研究を概観してわかるのは、その分野が広大で、学際的で、急速に発展していること、そして、専門家たちが神経信号[17]（PGO波など）や行動指標[18]（急速眼球運動など）の特定に注力していることだ。

私たち人間は、自分たち以外の動物と言葉を交わせず、それゆえ動物の夢見体験については限定的にしか知ることができない。たしかにそれは事実だが、だからといって、その事実は、動物の夢を見る能力に関する、意味のある、実証的な知識に基づいた主張を妨げたりはしない。同様に、動物の意識、感情、倫理に関して交わされている学術的な議論において、その能力がどのような意味をもっているかと考えることを禁じるものでもないだろう。[19]本書では、ある統合的なアプローチを通じて、そうした主張を展開していくつもりだ。そのアプローチは主に以下の要素からなる。

1　動物の睡眠に関する実証的な文献を調査して、動物の夢見体験を示している可能性のある事例を見つけること。

2　そうした事例を、現象学、意識の哲学、動物の認知の哲学といった分野の概念的ツール、リソースを組み合わせた、哲学的なレンズを通して解釈すること。

このアプローチを用いれば、実証的なデータを真剣に受け取って、そのデータが意味することに関して非常に重要な哲学的問いを投げかけることができるだろう。あとに見るように、データの意味は、望みさえすれば誰でも手に入れることができる。[20]

本書の構成と目的

畜産農家や獣医、動物好き、保護活動家など、日頃から身近に動物がいる人たちにとっては、「多くの動物が人間と同じように夢を見る」という、自分たちにしてみれば当たり前の話をわざわざ一冊の本にまとめる人がいたという事実に、心がくすぐられる思いかもしれない。しかし、動物も夢を見ていると思うことと、その考えを科学的根拠を持ち出して擁護することは別の話であり、その考えの哲学的含意を明らかにすることはさらに別の話である。本書では、この三つをすべて取り扱う。[21]

第1章「動物の夢の科学」では、動物の睡眠の研究に目を向け、睡眠周期の重要な段階において、動

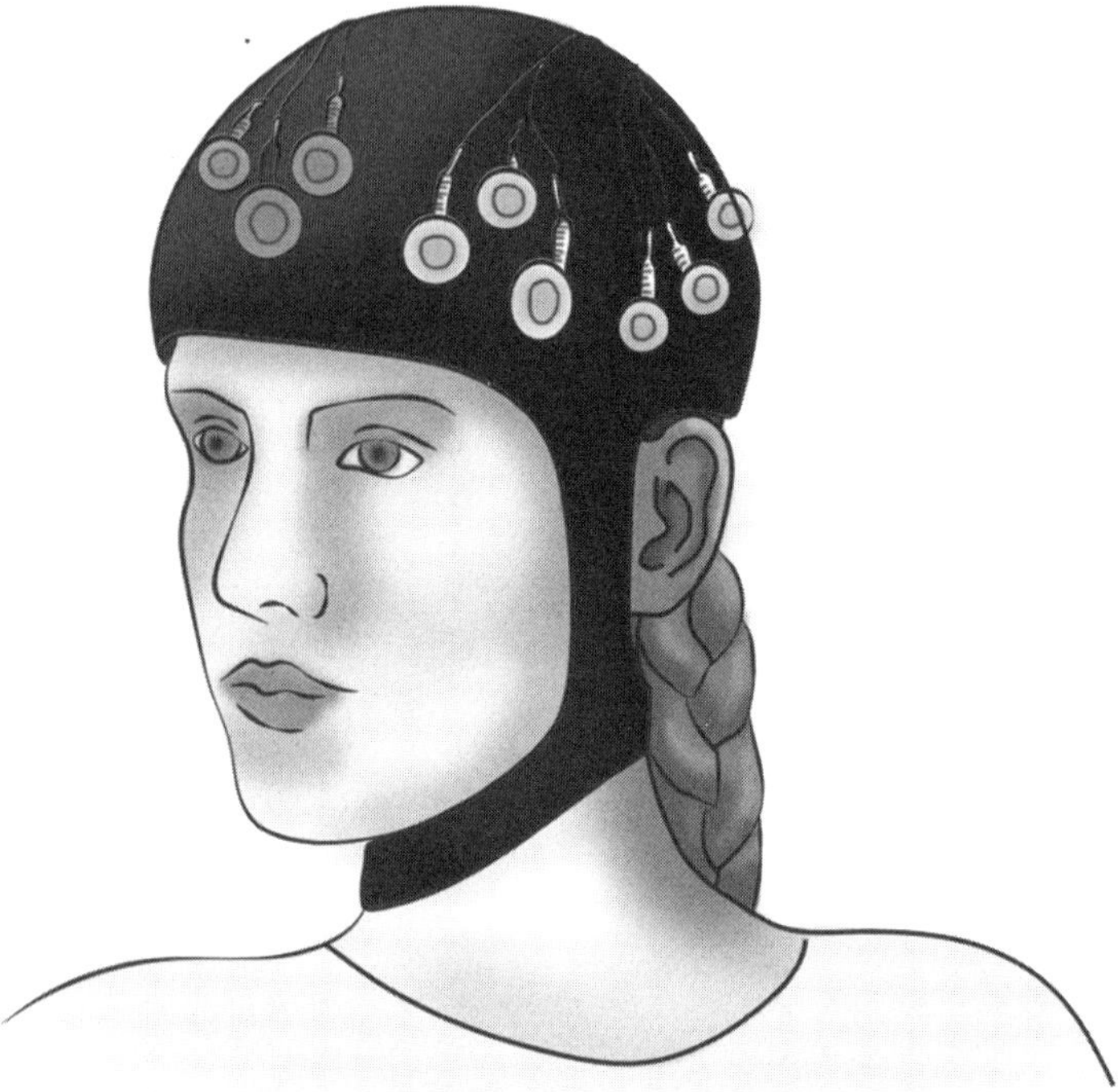

図2　言語による報告は、夢の研究において依然として重要な手段とみなされている。だが、今日の研究環境では、脳波記録法（EEG）、機能的磁気共鳴画像法（fMRI）、陽電子放出断層撮影法（PET）を用いて、夢に関連する神経回路を特定することを主な手段とする場合も多い。図はEEGヘッドセットを装着して実験に臨む女性。

物が「現実のシミュレーション」を行っている証拠を列挙する。これら多数の証拠は、たとえそこに方法論的あるいは概念的な限界があったとしても、人間が地球上で夢を見る唯一の生物ではないことを示している。

第2章「動物の夢と意識」では、第1章で示した証拠の哲学的意義について考察する。ここで私が提示するのは、意識の「SAMモデル」だ。このモデルでは、意識を次の三つのタイプに分類する。すなわち、Sと呼ぶ主観的意識（経験の現象の場の中心にあるもの）、Aと呼ぶ感情的意識（各事象を感情的陰影として経験するもの）、Mと呼ぶメタ認知的意識（自身の精神生活を振り返る能力をもつもの）である。この章で私は、夢に関する現象学の諸理論を案内役として、夢を見る動物は、主観的意識を必ずもっていること、（すべてとは言わないが）大半が感情的意識をもっていること、選ばれし少数のみがメタ認知的意識をもっていることを主張する。

第3章「想像力の動物学」では、夢がもつ想像という特質に力点を置くことで、動物の意識の議論を一段高いレベルへと引き上げる。夢というものが、諸感覚（視覚、触覚、聴覚など）のイメージの生成を土台としているのならば、夢を見る生き物は、創造や空想やごっこ遊びを生み出す力――心の哲学者ジョナサン・イチカワが「想像する能力（imaginative capacity）」と呼んだもの――を有しているはずだ。この章では、夢をより大きな想像力のスペクトル――幻覚、白昼夢、マインド・ワンダリング（心の彷徨）など――の一部として提示し、「想像する能力」がどのように夢として凝固していくかを検討する。

第4章「動物の意識の価値」では、道徳の観点から動物の夢を見ていく。だがそもそも、動物の夢は道徳の問題と関係があるのだろうか？　その答えは、たいていの道徳的枠組みで「イエス」となるはずだ。なぜなら、ある存在が「道徳的地位」をもつか否かの基準は、意識の有無にあると考えられているからだ。ここでは、哲学者ネド・ブロックの有名な意識の理論を出発点として、夢がなぜ、私が「道徳的な力（moral force）」と呼ぶものを宿しているのかについて、新しい説明を試みることにする。その説明では、道徳にとって夢が重要なのは、夢によってこそ、動物が道徳的価値をもつと同時にそれを生み出すこと——その存在が重要になると同時にその存在にとってものごとが重要になること——が明らかになるからだと主張している。

本書の最後を締めくくるのは、「動物という主体、世界を築き上げる者」と題した短いエピローグで、そこで私は、人間以外の動物の主体性に関する最終的な考えをいくつか論じている。また、人間と動物を結びつけるもの、それらを切り離すものについても述べる。本書の核心は、こうした相反するものの間に生じる緊張、同一と差異、つながりと分断の間の緊張にある。この緊張を正しく理解すれば、動物の心や動物の経験に関する今日の議論に風穴を開け、動物という同胞に対して私たちがもっている憂慮すべき思い込みに疑問を抱けるようになるだろう。そうすれば私たちは、従来のように人間の進化的、認知的、形而上学的、あるいは霊的に劣化した存在としてではなく、それだけですでに十全に実現され、侵すことのできない、敬意を払うべき存在として動物を見るという、まったく新しい視点を獲得するための一歩を踏み出せるはずだ。実際、動物たちはこれまでもずっとそうした存在だったのである。

第1章　動物の夢の科学

犬も猫も馬も、そしておそらくあらゆる高等動物が、鳥さえも、鮮やかな夢を見ている。……そうした動物たちが想像の力をもっていることを私たちは認める必要があろう。

――チャールズ・ダーウィン[1]

「沈黙の世紀」

動物は夢を見るかという問題は、一九世紀後半にはすでに科学コミュニティで議論されるようになっていた。ちょうど、チャールズ・ダーウィンによる『種の起源』（一八五九年）と『人間の由来』（一八七一年）をきっかけに進化論が盛り上がりを見せていた時期で、進化論の支持者たちによって、かつては人間しかもっていないと思われていた心的能力を、動物もまた共有しているという考えが広がりはじめていた。そうした心的能力には、夢を見ることも含まれていた。

スコットランド人の医師ウィリアム・ローダー・リンゼイは、動物も夢を見るという考えをまっさきに支持した一人で、一八七九年に刊行した『健康時および病時の下等動物の精神』において、その考えを熱心に擁護した。著作のなかでリンゼイは、それまでに報告された夢を見る動物の事例を引用し、その能力がホモ・サピエンスの専売特許ではないことを力説した。「夢と妄想」と題された章では、眠りに落ちたイヌの心のなかで起きていることを次のように説明している。

犬、特にハリアなどの猟犬については、以下のような事実、あるいは推論が記録に残されている。犬は夢のなかで狩りをしているようだ。セネカとルクレティウスも、はるか昔にそう述べた。眠っている犬は、尻尾や脚を動かしたり、匂いを嗅いだり、唸ったり吠えたりすることがある。眠っている間に架空の獲物を頻繁に追いかけているのだ。この追跡によって、熱心さや息切れなど、身体的、精神的興奮が実際に呼び起こされる。また、興奮が原因で目を覚ましてしまうこともある。そう考えてよい理由は十分にある。[2]

これは一部の犬種に限った話ではない。リンゼイは次のように続ける。

ハリアが夢のなかで架空の獲物を追うように、コリーなどの犬種は、眠っているときに架空の敵について心配したり、うるさく飛び回る架空の蝿《はえ》や虫に噛みついたりすることがある。つまり犬たちは、眠っている、あるいは夢を見ているときに、架空のけんかや遊びをしたり、何かを追いかけたり、攻撃したりしているようなのだ。[3]

リンゼイはこの章で、ウマ、トリ、ネコなどのさまざまな動物が夢を見ているときの状態を説明しながら、夢と妄想と幻覚の関係を見事に分析している。リンゼイにとって、夢とは動物が複雑な精神をもっていることを示す強力な証拠だった。

動物も夢を見るという考えが広まったのは、ヴィクトリア朝時代華やかなりし頃で、この時期、欧米では生体解剖に対する反対運動が勢いを増し、動物の地位に対する世間の意識も急激に変化していた。[4] また、それとともに動物の精神生活や感情生活への関心も高まった。この関心の高さは、動物の経験について多くの人が――理論的あるいは実証的（経験的）に――さまざまに主張するという事態につながり、それらの主張のなかには、睡眠中の動物に起きていることに関するものもあった。こういった潮流のなかで動物も夢を見るという考えは大いに受け入れられるようになり、ダーウィンの薫陶を受けた進化生物学者のジョージ・ロマーニズなどは、一八八三年の名著『動物の心の進化』において、リンゼイの動物の夢の理論を熱心に取り上げたほどだった。

『動物の心の進化』は、大西洋を挟んだヨーロッパと北アメリカの読者に好意的に迎え入れられたが、ロマーニズはそのなかでリンゼイよりさらに一歩踏み込んで、動物が夢を見るのなら、それは「想像能力」をもっていることの証左だと断言した。想像能力とは、そのわずか一〇〇年前にドイツの倫理学者イマヌエル・カントが完全に否定していたものである。[5] 夢の存在は、ロマーニズが「第三段階の想像力」[6]と呼んだ、「外部由来の明らかな連想とは無関係」に心的イメージを形成する能力を、動物がもっていることを証明する。[7] 彼の考えでは、何かを夢に見ることと、その何かを視覚的に想像することには、同じ心的操作が必要になる。というのも、どちらの場合でも、心は何もないところに向けられているが、あたかもそこに何かがあるかのように関わることになるからだ。ロマーニズは、夢を見ることは「第三段階に属する想像力の確かな存在証明となる」と結論している。[8] オンタリオ州キングストン出身のこの生物学者は、この見解を武器として当時の思想の流れを方向づけたのである。

『動物の心の進化』が刊行されたわずか五年後の一八八八年、「ザ・センチュリー」という大衆雑誌が、夢、悪夢、夢遊病を科学的な見地から紹介した記事を掲載し、動物の夢についても紙面を割いた。記事内では、人間以外の種も夢を見るという説に賛同する専門家が何人か挙げられているが、そこにはチャールズ・ダーウィンのような著名人だけではなく、ウィリアム・リンゼイやジョージ・ロマーニズなど、さほど有名ではない人物も含まれていた。[9] 記事の翌年には、カナダの生物学者ウェズリー・ミルズが『動物生理学の教科書』を出版して反響を呼び、そのなかで、動物、特にイヌと夢の関係について長々と論じた。また同年、IQテストの考案者として知られるフランスの心理学者アルフレッド・ビネが、「ラネー・プシコロジック」誌上で、夢について書かれた本を何冊かレビューした。イタリアの心理学者サンテ・デ・サンクティスが書いた『夢――心理学的および臨床的研究』もそのうちの一冊で、デ・サンクティスはまるまる一章を費やして、イヌ、ウマ、トリのような「上等な動物」の夢をテーマに、畜産家、農家、猟師、サーカスの調教師に取材を試みている。[10]

動物は夢を見るという考えは、一九世紀社会の文化、科学方面での想像力に深く浸透していたかもしれないが、その状況もやがて終わりを迎える。一八七〇年代に始まった動物の心の複雑さを認めようという波は、学問の発展、とりわけ行動主義心理学の台頭によって、わずか二、三〇年の間に、あらゆる動物の認知を疑問視する風潮へと変化したのだ。[11] その後世紀が変わると、生命科学は新しい態度を身につけるようになった。以前よりも冷たく、そっけない態度だ。それによって、新世代の科学者は旧世代と距離をとり、人間の能力を動物へと投影したかどで彼らを責め立てるようになった。[12] 一九三〇年代になる頃には、動物の理性、言語、感情、遊び、そして夢といった、一九世紀の自然科学者を刺激したテーマの多くが、科学的には不評となり、その状況は長く続いた。一九〇〇年代から八〇年代まで続くその時代を、私は「沈黙の世紀」と呼んでいる。動物の意識に関する議論が行き詰まり、私たちの科学文化はそこから抜け出そうといまだ悪戦苦闘しているからだ。

だが喜ばしいことに、さまざまな分野の研究者が、こうしたテーマを科学的探究の正当な対象として再び取り上げはじめている。一九九〇年代以降、動物の感情に関する研究が爆発的に増えると同時に、動物の認知についての実証的、哲学的な研究も急増した。その一方で、残念ながら、動物の夢というテーマはそれほどの僥倖《ぎょうこう》には恵まれなかった。リンゼイの『下等動物の精神』の刊行から一五〇年近くが経過し、本書が刊行される現在となっても、科学コミュニティの多くは、動物が夢を見るという考え(ましてや夢を実証的に研究できるという考え)を拒否しつづけている。そうした考えは動物の擬人化につながり、私たちを騙して人間の特徴を動物に投影させる、非現実的で非科学的な幻影だというのである。この傾向は、夢を専門とする多くの科学者に見られ、動物の睡眠の専門家の間でもごく一般的な態度となっている。[13]

皮肉なのは、現代の生命科学がそれとは正反対の証拠を示しはじめたことである。つまり、ジェニファー・ダンパートの言葉を借りれば「眠りの縁」にある動物の心で起きていることについて、一九世紀の科学者の主張が正しかった可能性を示す証拠が、ここ三〇年の間に大量に出現したのだ。[14] 本章ではそうした証拠を、電気生理学的なもの、行動学的なもの、神経解剖学的なものという三つのカテゴリーに分けて提示し、分析する。それらの証拠を適切に理解すれば、私たちの集団的な誤りは、一九世紀のように人間と動物の精神活動が同一線上にあるとみなしたことではなく、二〇世紀になってそうした連続性の視点を捨て、その結果、動物に対する認識が悪い方向へと変わってしまったことにあるのがわかるだろう。私たちは二〇世紀以降、動物の生活が人間に比べてあまりにも不完全で、愚鈍で、空っぽなものとみなすようになった。そして、まるで集団催眠にでもかかったかのように、意味のある内面世界は私たち人間の占有物であって、そのようなものを動物がもっているわけがないと信じ込んでしまった。いいいいそれこそが私たちの誤りだった。

電気生理学的な証拠——ゼブラフィンチからゼブラフィッシュまで

音のない歌

二〇〇〇年、生物学者のアミッシュ・デイブとダニエル・マーゴリアッシュは、オーストラリア原産のスズメ目の鳥、キンカチョウ（*Taeniopygia guttata*）〔英名はゼブラフィンチ〕に関する研究成果を「サイエンス」に発表した。進化がキンカチョウに与えた仕事の一つに、歌（さえずり）を親や兄弟姉妹から学習するというものがある。歌は成長の過程で自然に歌えるようにはならないのだ。[15] 鳥の歌に関する研究は、鳥が起きている間に歌を記憶したり、まねしたりする状況を扱うのが一般的だったが、デイブとマーゴリアッシュは、睡眠もまた歌の学習に何らかの役割を果たしているのではないかと考えた。睡眠は、キンカチョウの幼鳥が家族から聞いた音のパターンを習得して、長期記憶に定着させるときに何かの役に立っているのだろうか？　キンカチョウは、睡眠中に心のなかで歌のリハーサルをすることで、（少なくとも部分的には）歌を学習できるのだろうか？

この可能性を検証するために、デイブとマーゴリアッシュはある実験を試みた。眠っているキンカチョウの幼鳥を対象にして、「歌制御系」、すなわち前脳にある神経核（nucleus robustus archistriatalis）で生じる神経活動のパターンをマッピングする、という実験である。その結果わかったのは、睡眠中のキンカチョウの脳が、次の二つの状態を行ったり来たりしていることだった。つまり、神経活動が低レベルで一定していて、特筆すべきことが何も起きていない状態と、高レベルの神経活動が突発的かつ定期的に生じる状態だ。この発見自体は、鳥類の睡眠周期は（哺乳類と同じように）神経活動が高い段階と低い段階に分けられるという既知の研究成果を追認しただけであって、特段画期的なものとは言えない。そこでデイブらは、キンカチョウが歌を練習しているときに同じ脳領域で生じる神経パターンもマッピングして、それを睡眠中のパターンと比較することにした。すると驚くべきことがわかった。

二人が見つけたのは、覚醒時に歌う行為によって引き起こされる神経パターンと、睡眠中に高レベルの神経活動が突発的に生じるときのパターンは、構造が完全に一致するということだった。この発見は、日中に世界に向けて歌を歌うときと、睡眠中に神経活動が高まるときに、キンカチョウの脳内ではまったく同じことが生じている――ニューロンが同じように整然と発火している――ことを紛れもなく示唆していた。あまりに見事な一致だったので、デイブとマーゴリアッシュは、そのパターンを音節ごと、いや、音符ごとに互いに対応させられると気づいたほどだった。そしてこのことから、キンカチョウは、起きているときに声を出して練習すること（プレイ）だけではなく、眠っているときに声を出さずに心のなかでリハーサルをすること（リプレイ）によっても、歌を学習しているのだと結論づけた。「リプレイには音の生成や知覚は伴われないが、実際に歌うときと同様の整然とした神経活動を歌制御系全体に生じさせている」と彼らは論文で述べている。[16]

この研究成果を知って、睡眠中に歌制御系が活性化するのは、キンカチョウが自分が歌を歌っている夢を見ている証拠ではないかと思った人もいるかもしれない。だが興味深いことに、デイブとマーゴリアッシュはその解釈には否定的だ。代わりに彼らは、自分たちが観測した睡眠中のリプレイは、キンカチョウが無意識に行っている計算プロセスの実行（彼らの言葉を使えば「アルゴリズムの実施」）にほかならないと述べている。[17] デイブらによると、私のパソコンがマイクロソフトのワードやアドビのリーダーなどを経験しないのと同様、キンカチョウはリプレイを経験しない。リプレイは、ネド・ブロックが「経験特性」と呼ぶものを完全に欠いた脳の状態だからだ。いくぶん乱暴に言ってしまえば、リプレイには現象学（現象的意識）が伴わないのである。[18]

私にしてみれば、リプレイのアルゴリズム的解釈は、データから必然的に導かれるというより、デイブとマーゴリアッシュが意図的にデータに重ね合わせた結果のように思える。それを正当化できる理由もよくわからない。彼らの研究は、リプレイが示しているのは睡眠中のキンカチョウが一人称の視点から経験した「生きられた現実」である、と示唆していた。それを考えれば、彼らがアルゴリズムという観点からリプレイを解釈した理由が自明だとは決して言えないだろう。

デイブとマーゴリアッシュの計算主義よりも現象学が有利なことを示している証拠が二つあるように思う。第一のものは「時間性」だ。デイブらは、プレイとリプレイの間に構造的な類似だけでなく、時間的な類似をも見つけている。キンカチョウが起きているときに歌を歌うのにかかる時間と、眠っているときにリハーサルをするのにかかる時間は、ほぼ同じだったのである。計算プロセスを、それが機械的に繰り返す主観的経験と同じタイムスケールで実行しなくてはいけない明白な理由は見当たらないた

図3　起きて歌っているキンカチョウが示す脳活動のパターンは、眠りながら歌のリハーサルをしているときのパターンと一致する。あまりにぴったり一致するので、一音ずつの対応が可能なほどだ。

め、この点は重要である。この時間的な類似は、動物の生きた時間の経験と結びついた現象学を根底で共有している結果だという可能性がある。もしこれらの動物が、覚醒時に歌を歌うとき（プレイ）と、睡眠中にそれをリハーサルするとき（リプレイ）に同じだけの時間をかけるのならば、それはプレイとリプレイがある似通った主観的経験を具現化しているのが理由かもしれない。[19]

第二の証拠は「身体性」だ。デイブとマーゴリアッシュは、リプレイを行うときには脳だけでなく、身体、とりわけ喉も使われていることに気がついた。リプレイ中のキンカチョウの声帯は、歌を歌っているときとまったく同じように伸縮していたのである。そうなれば答えは一つしかない――睡眠中に心のなかで歌のリハーサルを重ねながら、キンカチョウは歌に必要な身体的スキルも磨いていたのである。もちろん、声帯が動いていても音が出ているわけではない。だがそれでも、声帯が動くという事実は、リプレイで読み出されている記憶が紛れもなく身体化されていることを示している。キンカチョウは、リプレイ中に歌そのものを思い出しているのではない。どのように歌うのかを思い出しているのだ。また、歌い方を思い出す過程で、脳の聴覚領域がクリスマスツリーの電飾のように明るくなったことから、鳥が真の聴覚体験をしていた可能性は高いと考えられる。睡眠中のキンカチョウは、眠りの深い静寂のなかで自分自身の歌声を「聞いていた」のかもしれない。

したがって私は、リプレイは「音の生成」を伴わず生じるというデイブとマーゴリアッシュの観察には同意しても、リプレイには「知覚」も伴われないとする彼らの主張には首肯しかねる。この二つの指摘の違いは大きい。音の生成とは事象の客観的な状態であって、たとえば、その動物は歌ったか、音波を生成したかという問いで答えられる。一方、知覚は主観的な状態であって、それを知るには、その動物は歌を聞いたか、音を経験したかという問いが必要になる。彼らのデータから私が読み取ったのは、睡眠中のキンカチョウはたしかに音を出さなかったのだから歌を歌ったわけではないが、歌は聞いていた、ということだ。私はこの状態を「音のない歌」と呼んでいる。キンカチョウは、私たちが夢のなかでさまざまなサウンドスケープ――恋人の声、木々のざわめき、遠い鐘の音――を聞くように、無音のなかで歌を聞いていたのだ。残念ながら、デイブらにはこのことが見えていない。計算主義的な解釈に傾倒するあまり、自分の発見がもつ現象学的な重要性を見逃しているからだと私には思える。キンカチョウは、眠っている間に歌を記憶するだけではなく、夢を見ることによってもそれを記憶する。一七世紀の詩人ジョン・ドライデンは、一六六五年の戯曲『インドの皇帝』に次のように書いた――「小鳥は夢のなかで歌を繰り返す」

空間的な夢

睡眠中の鳥には知覚が欠けているとするデイブとマーゴリアッシュの主張は、動物が夢を見るという考えに対して懐疑を投げかけるものだが、近年の研究のなかには、彼らのアルゴリズム的解釈とは異なる斬新な主張も見つかる。その一つが、マサチューセッツ工科大学（MIT）のケンウェイ・ルイとマシュー・ウィルソンが二〇〇一年に行った研究だ。MITの学習・記憶センターに所属していた彼らは、睡眠がラットの記憶と空間認識に与える影響について理解を深めたいと考えた。そこで、ラットが睡眠中、あるいは覚醒時に、心のなかでどのように空間課題に取り組むかを研究することにした。

ルイとウィルソンが空間課題を選んだのは、ラットもまた、人間と同じようにCA1錐体細胞からなる高度な空間認識系を海馬にもっているからだ。この細胞は、自分がいる物理的環境をマッピングして、空間内の自分の位置に応じて異なる領域で発火する。[20] たとえば、すでにマッピングされた環境においてラットが位置Xにいるときは、あるCA1細胞の集合が発火するが、位置Yへと移動するとすぐに別のCA1細胞の集合が発火しはじめる。ここで重要なのは、ラットが位置Xへと戻ったときには、最初の場合とまったく同じCA1細胞が発火するということだ。これによって研究者は、物理的環境がほぼ一定であるかぎり、海馬の活動情報のみからラットの位置を正確に特定できるようになる。実際、ルイらも、海馬の活動を追跡することで、ラットが起きているときにいる場所と、眠っているときに自分がいると思っている場所を突き止めることができた。[21]

具体的に見ていこう。実験ではまず、ラットの集団を高架式の円形トラックに慣れさせてから、「餌を報酬として、スタート位置からゴール位置へと」走るよう訓練した。[22] ラットがそのルートを学習すると、今度は海馬における単一細胞の活動を観察して、ラットの動きの結果として得られたCA1錐体細胞活性化のパターンを記録した。そうすることで、「ラットが課題環境をどのような順序で動いていったか」をマッピングしたのである。[23] 記録されたパターンは、ラットが報酬に向かって「走っている」ときに得られたので、ルイとウィルソンはそれを「RUN」と名づけた。次に彼らは、このRUNに関連する錐体細胞活性化のパターンは、レム睡眠時にも再び現れるのではないかと考え、トラックを走り終えたラットに昼寝をさせ、睡眠中の海馬の活動を記録することにした。この第二のパターンを彼らは「REM」と呼んだ。「レム」睡眠中のラットに生じるパターンだからだ。ここまでをまとめると、この実験におけるRUNとREMは、どちらも神経パターンを指している。前者は覚醒時にトラックを走ることに結びつくパターンであり、後者はレム睡眠時に心のなかでそれを再現することに結びつくパターンである。
この実験から何がわかったのだろうか？　前節で見たキンカチョウの歌に関する研究と呼応するかのように、ルイとウィルソンは、RUNとREMが非常によく似ていることを発見した。言い換えれば、眠りに落ちたラットは、自分が終えたばかりの空間課題の夢を見ていたようなのだ。それに加えて、実験からは、RUNとREMが「ほぼ同じ速度で」進行することもわかった。[24] 眠っているキンカチョウが、起きて歌を歌っているときと同じ時間をかけて歌のリハーサルをしていたように、ラットもまた、RUNとREMをおよそ数分から数秒という同等のタイムスケールで生じさせていた。構造的にも時間的にも、「REMはRUNを再現する」のである。[25]
ここで興味深い状況が生まれる。客観的な事実だけを見れば、ルイとウィルソンの発見は、覚醒状態と睡眠状態を結びつける構造的、時間的類似に関するデイブとマーゴリアッシュの発見の再現にすぎない。だが、結果の解釈はこれ以上ないほど異なっていた。つまり、デイブとマーゴリアッシュが、キンカチョウのリプレイを経験特性をもたない無意識のアルゴリズム的プロセスと解釈したのに対し、ルイとウィルソンは、ラットのリプレイを現象学的に豊かな経験、すなわち夢として解釈したのだ。ラットにとってリプレイは生きられた現実であるはずだ。なぜなら、リプレイは過去の経験に依存しているからで、またその経験を構造的、時間的に正確に反映するからだ、と彼らは言う。[26] リプレイは現象学的に空虚な状態ではなく、「REMには、RUNにおいて神経パターンを生じさせる明らかな感覚運動の手がかりがないにもかかわらず」本物の主観的経験なのである。[27] 円形トラックを走っているときに存在した感覚運動の手がかり（周囲環境の視覚情報、足もとの地面の感触、ゴールに置かれた報酬の餌の匂いなど）が何一つなくても、眠っているラットもまた、報酬に向かって走るという経験をしている。ラットは、起きているときの行動を「再活性化」あるいは「再構成」した内的なシミュレーションを生み出したのだ。[28] そしてもちろん、寝ている間に覚醒時の行動を再構成するとは、その行動の夢を見ることであり、よって結局、ラットはトラックを走る夢を見ていたということが言える。[29]

ここではっきりさせておこう――ルイらの解釈とデイブらの解釈の不一致は、科学的なものではない。それは哲学の問題である。このとき重要になるのは、ラットとはどのような存在なのかという問いかけだ。ラットは、アルゴリズムを実行する小さな毛むくじゃらのコンピュータなのか？ それとも、内なる現象学的特性と意識をもった主体、つまり、知覚し、感じ、考える主体なのか？ こうした疑問は、純粋に実証的な領域で答えられるものではない。研究者たちが実験結果に同意する一方で、つまるところそれが何を意味しているのかについて意見が分かれているのは、そのためだ。この意見の相違は、彼らが自分の理解を記述するときに使う用語にも如実に現れている――すなわち、「アルゴリズムの実施」と「内的なシミュレーション」である。前者はリプレイを計算主義的な心の理論の枠内に位置づけているのに対し、後者はそれを、ラットの脳が無意識に走らせるプログラムではなく、睡眠中のラットが全存在を動員して味わった経験として描いている。[30]

魚の夢――空と大地から水のなかへ

二〇一九年、スタンフォード大学のルイス・C・レオン率いる、アメリカ、フランス、日本の科学者からなる国際的な研究チームが、「ゼブラフィッシュにおける睡眠中の神経信号」というタイトルの論文を「ネイチャー」に発表した。硬骨魚類の例に漏れず、ゼブラフィッシュには新皮質がないため、この魚の行動と神経系の相関をさぐるのは、いくぶん厄介な仕事である。とはいえ、ゼブラフィッシュの脳には「背側外套《はいそくがいとう》」と呼ばれる領域があり、これが哺乳類の大脳皮質に相当する機能をもっていると考えられている。

レオンらの研究チームは、背側外套の活性化をさまざまな条件下で分析することで、ゼブラフィッシュが次の二種類の睡眠状態を経験していることを突き止めた。一つは「徐バースト型睡眠（SBS）」と呼ばれる状態で、これは、哺乳類、鳥類、爬虫類における「徐波睡眠（ノンレム睡眠）」と重要な生理的特徴（ニューロンが低周波で同期して活動し、眼球、心臓、呼吸の活動が低下するなど）を共有するものだ。もう一つは「伝搬波型睡眠（PWS）」と呼ばれるもので、哺乳類のレム睡眠を想起させる状態である。[31] PWSにあるとき、ゼブラフィッシュの背側外套では高周波の神経活動が非同期に生じており、心臓の活動も不規則ではあるが増大している。この状態はまた、PMT波（橋-中脳-終脳波）も特徴としている。研究チームによると、哺乳類ではPGO波（橋-外側膝状体-後頭葉波）がレム睡眠の開始を示すが、PMT波はその魚版であるという。研究からは、ゼブラフィッシュがMCHニューロンをもっていることもわかり、この発見にはレオンらも驚いたようだ。魚のMCHニューロンは、PMT波が生じる直前に活性化する特殊な細胞であり、哺乳類でPGO波を生じさせるMCHニューロンと機能的に同一のものである。[32] 夢の専門家マーク・ソームズは、最新刊『意識はどこから生まれてくるのか』において、人間の夢の導き手としてPGO波の重要性を論じている。一方でレオンらは、PGO波が人間を特別な存在にしているわけではないと述べる。なぜなら、四センチメートルにも満たない小さな魚――少なくとも三億八〇〇〇万年前に人間とは別の進化の道を選んだ魚――にも、ＰＧＯ波は形を変えて存在しているからだ。[33]

レオンらの発見で重要なのは、進化の歴史や脳の構造が異なるにもかかわらず、哺乳類と魚類は驚くほど似通った睡眠構築を示していることだ。哺乳類に深睡眠とレム睡眠があるように、魚類にはＳＢＳとＰＷＳがあるのだ。特に哺乳類のレム睡眠と魚類のＰＷＳの類似は驚くべきものだと言える。共通点を挙げれば、まずどちらにも、ノンレム睡眠やＳＢＳではないことを示す独特の神経信号、脳波が見られること。そして、その脳波はＭＣＨニューロンの活性化によって生じること。またどちらの場合にも、脳波は「橋」と呼ばれる部位から始まって脳全体に広がり、覚醒時の経験と同等の「コヒーレンス指数」を記録することである。こうした類似は、魚類においてもＰＷＳを現象学的に解釈できる可能性を支持するものであり、レオンらがＰＷＳには紛れもない「覚醒時のような特性」があると認めていることを考えれば、その可能性はさらに高まるだろう。

残念なことに、レオンらの研究チームは論文の冒頭と結語で、自分たちが細心の注意を払って記述した神経信号が経験と相関をもつか否かについては「知るすべはない」と述べている。どうやら彼らは、自分たちが突き止めた睡眠段階に主観的な要素があるのか、ゼブラフィッシュの視点から感じたり経験したりできるのかという問題について、立場を明らかにしたくはないようだ。そうした態度を見ると、彼らは、ゼブラフィッシュが自分自身の視点をもっているという考えや、世界に対して主観的なつながりをもっているという考えに反対なのだろうと考えざるをえない。[34]

行動学的な証拠――「夢幻様行動」の可能性

フランスの神経科学者ミシェル・ジュヴェは、夢を理解するには、脳の活動を分析するだけでは不十分だと主張してきた。夢についてもっと多くのことを知りたければ、睡眠に関連した行動を分析する必要があるというのだ。行動面の証拠があれば、生物の睡眠周期が段階に分かれているか否か、生物の身体が特定の睡眠段階において脳といかに相互作用するか、そして、生物は夢を見ている状態を経験するかといった疑問すらも解明できる、とジュヴェは述べている。

　動物の行動を記録した動画は、動物が夢を見ているか否かを示す有力な証拠である。インターネット上には、眠っている動物が夢を経験しているかのように身体を動かす動画がいくらでも転がっていて、たとえばＹｏｕＴｕｂｅにも、眠りながら走る、狩りをする、交尾をするなど、覚醒時の行動に関連したふるまいを見せるペットの動画がたくさん見つかる。「夢を見るイヌ」と題された記録もその一つだ。[35]この動画では、一匹のイヌが横向きに静かに眠っているのだが、やがて二本の脚がぴくぴくと動き出す。数秒後に他の脚が動き出すと、動作は徐々に身体全体を巻き込んだ大きなものになっていく。依然としてイヌは横向きに眠っているが、いつしかその身体は、まるで獲物を追いかけるかのように猛然と走り出している。イヌは最後には目を覚まして立ち上がるものの、混乱のあまり頭から壁に突っ込んでしまう。動画の視聴者が目撃したのは困惑したイヌの姿だったが、その困惑の原因は、自分が夢のなかで見た風景と実際の環境が異なっていたことに起因しているのは間違いない。

　こうした動画には、イヌばかりでなく、ネコ、ネズミ、ウサギ、タコを記録したものもある。

ハイジの夢、再び

本書の冒頭で紹介したタコのハイジの番組が二〇一九年に放映されたとき、視聴者たちの興味はたしかに掻き立てられたかもしれない。だが、ハイジの体色の変化は夢の経験を反映しているはずだとするデイヴィッド・シールの主張に誰もが賛同したわけではなかった。

ケンブリッジ大学で動物の知能を研究しているニコラ・クレイトンとアレックス・シュネルは、「ニューヨーク・タイムズ」の記事において、データを見るかぎりシールの結論は支持できないと述べた。クレイトンによると、「ハイジの体色の一連の変化が、彼女の覚醒時の経験と一致する」かどうかについて、私たちは単純に知ることができないという。シールのように、ハイジが夢を見ていると述べることは、「ただの推測」にすぎないというのだ。同僚のシュネルもクレイトンの意見に賛同し、科学者は動物の行動に対して可能なかぎりもっとも単純な説明を選ぶ義務がある、と読者に訴えかけた。これは動物研究の分野において「モーガンの公準」として知られる方法論の規則だ[36]。この場合で言えば、生理学的な説明があれば用が足りるので、認知的説明や現象学的説明は必要がないことになる。つまり、ハイジが夢を見ていたと主張するのはやめよう、その代わりに、ハイジの体色変化を司る器官を制御する筋肉が収縮運動を行っていたという、私たちが間違いなく知っている出来事に話題を限定しよう、というわけだ[37]。

動物の行動を解釈する際――とりわけその動物が「宇宙人にもっとも近い存在」である場合――は、注意深くあるべきだというクレイトンとシュネルの見解には、私も同意する。だが一方で、もっとも単純な解釈がどんな場合でも最適であるとする彼らの仮定は認められない。なぜなら、「注意深くある」

ことは、認知的、心理学的、現象学的な概念を用いた説明を敬遠せよ、という意味ではないからだ。たしかに私たちは事実に忠実でなければならない。しかしそのためには、説明に必要な事実が何なのかをまず問う必要がある。

ハイジの体色がかなりすばやく変化したことを思い出してほしい。彼女の肌は、石膏のような白からマンダリンオレンジの斑点を伴った黄色に変わったかと思うと、今度は暗い紫になって濃紺の背景に溶け込んだのだった。このとき、ハイジの体色変化器官を制御する筋肉が収縮したのは明らかである。そうでなければ、あのようなカラフルなパターンは生まれないはずだからだ。これは事実である。だが、ここにはそれ以外の事実も存在している。たとえば、それぞれのパターンが統一感をもっていることもその一つだ。ハイジの変色パターンはどれも突発的かつ全体的で、安定しており、目覚めているときの体色パターンと重要な共通点をもっていた。そして全体として見た場合、パターンのつらなりに統一感があった。あの一連のパターンは、タコがカニを捕まえるときにとると考えられる行動を反映したものだった。これもまた事実であり、それゆえ説明を加える必要があるだろう。それぞれのパターンになぜあれほどの一貫性があったのか？　実に系統立っていたのはどうしてなのか？　純粋に生理学的な概念ですべて説明がつくと強弁してしまえば、こうした事実は砂のなかに埋められ、この現象のより説得力のある——ということは複雑にもなるということだが——説明の可能性も潰えてしまうことになる。[38]

ハイジがカニを食べる夢を見ていたという仮説は、クレイトンの指摘どおり、たしかに「推測」かもしれない。だがそれは、ランダムな当てずっぽうを表す日常的な意味での推測ではないし、認識論で言うところのコイン投げとも異なっている。むしろ、この場合の推測は、科学哲学者が「最良の説明へのろか、その誤りやすさ自体が、推論を科学的なものにしている。

推論」と呼んでいるものと同じ意味をもつ。つまり、まず関連する事実を突き止めて、そのあとに、そのすべての事実の集まりを矛盾なくもっともよく説明できる仮説を選ぶ、という議論の進め方に則っているということだ。この推測が誤りやすいことは、それが科学的ではないことを証明しない。それどこ

ハイジの従兄弟——コウイカ

眠っている動物の様子を収めた動画が、動物の精神活動の理論に関する論争を解決する手段になりがたいことは認めよう。なぜなら、動画では交絡変数が調整されていることはまずないし、互いに矛盾する解釈を同時に行える場合も多いからだ。だが、そうした動画を複数の証拠が絡み合った大きな網の目の一部と見るならば、その存在は、夢を見る生き物は人間だけではないという一九世紀のリンゼイの主張を裏づけるものとなるだろう。また、動画を単独で見た場合でも、そこに記録された行動が「夢のない睡眠」に関連していると解釈するのは困難だという点で、やはりそこには意義があると言える。動物たちの行動は、偶然と考えるにはあまりに連携がとれており、現象学に欠けると指摘するにはあまりに一貫している。それを考えれば、その行動はランダムな運動の発現というより、生物学的、心理学的に意味のある状況に対する動物側の意図的な反応（あるいは、生物学者のマイケル・チェイスとフランシスコ・モラレスが「統合された行動」と呼ぶもの）[39]に思えてくる。私たち人間は動物の夢の世界に足を踏み入れられないので、その状況を知ることは決してできないかもしれない。とはいえ、この考え方は的を外している。重要なのは、そのような状況が動物に存在していること、そして、その状況が引き起こす

行動（睡眠中の走行、睡眠中の発声、睡眠中の交尾、睡眠中の咀嚼など）が、外的あるいは内的な刺激に対する原始的な反応というよりも、意味のある具体的な状況に対する意図的な応答として受け取れるような構造をもっていることなのだ[40]。

動物の記録動画が導いてくれるのはここまでだ。しかし幸運なことに、動物が夢を見ることを示す行動面での証拠は、動画だけとは限らない。研究室での実験によって、人間が夢を見ていることを示す指標として受け入れられているのと同様の「夢幻様行動」が、さまざまな動物で見られることが明らかにされてきている。この行動は、人間のレム睡眠（夢を見る確率がもっとも高い段階）に酷似した睡眠段階に見られるのが普通である[41]。

ペンシルベニア大学の研究チームが二〇一二年に行ったイカの研究は、この夢幻様行動の実験の好例と言えるだろう。イカはタコと同じ頭足類で、複雑な神経系と色素細胞の集まりをもち、それによって体色を変え、周囲の景色にすばやく溶け込むことができる。睡眠の神経科学を専門とするマーコス・フランクが率いる研究チームは、無脊椎動物であるイカはそもそも眠るのか、眠るとすればその間は一様の状態を保つのか、それとも複数の段階に分かれるのか、という疑問をもった。そこで彼らは、イカの集団を睡眠室（休息のために水槽内に設けた区画）に誘導し、そこでの行動を数日にわたり記録することで、答えをさがそうとした。その際には、イカが活動しているか否か、目を開けているか否か、ひれ（耳）が動いているか否か、という三つの条件に着目した。

収集したデータから得られた結果は二つあった。一つは、イカが「完全な活動停止状態」に陥るということで、少なくとも見かけの面では覚醒時の状態と異なっており、哺乳類の睡眠状態と似ていることがわかった。もう一つは、この状態が一様ではなく、二つの段階に分かれることだ。二つの段階とは、運動の発現がまったくない完全な休止状態の段階（イカにとっての深睡眠）と、「腕の痙攣《けいれん》、眼球の動き、ランダムではない色素の活動」などの一過性の動きを見せる相対的な休止状態の段階（イカにとってのレム睡眠）である。[42] 後者の段階では、「閉じたまぶたの下で眼球がすばやく動き、色素の活動が急速に高まり、腕の先端が丸まってぴくぴくと動いた」ことが観察されている。[43] イカが眠っていたことから、そうした行動は「外部刺激によって外因的に引き起こされたものではなく、もともと内因的なもの」に違いないとフランクらは結論づけた。[44] 言い換えれば、その段階の行動は、外界の要因によってではなく、イカの心の企てによって生じたはずだというのだ。

この実験で注目すべきは、相対的な休止状態のときにイカが示す色素の活動パターンについて、フランクらが「制御も協調もしていないニューロンがランダムに発火しているようには見えなかった」と明確に述べている点である[45]（これと同様のことを、ラットは夢を見るという主張を擁護しようとしてルイとウィルソンも指摘している）。[46] 実際、色素の活動パターンは、ランダムどころか明白な構成をもっていた。たとえば、眠ったイカが、「（起きているときに）同種を認識するのに用いるボディ・パターニング」と同じものを示すこともあった。[47] つまりイカは、覚醒時に仲間のイカに遭遇したときに見られるのと同じ体色パターンを、（イカにとっての）レム睡眠中に示したのである。

こうした夢幻様行動は、あまりに高度に統合されており、また覚醒時の行動を忠実に反映しているため、そこに主観的、現象学的な意味がないようにはとても思えない。にもかかわらず、フランクらはその重要性を認めようとせず、自分たちの研究はイカが夢を見ているという仮説を支持するものではないとあえて明言までしている。彼らがそう述べる根拠は、睡眠の現象学的解釈を否定したディブとマーゴリアッシュとは異なったものだ。フランクらは、動物の睡眠の現象学については「知るすべがない」と主張しているにすぎない。彼らによると、自分たちの研究は関連する覚醒時の変数をすべて把握しているわけではなく、したがって、イカが示す色素の活動が本当に「覚醒時の関連パターン」を反映しているのかについては何かを言える立場にないのだという。[48] 覚醒時のデータが手元になければ、その動物が（その動物にとっての）レム睡眠中に何かを主観的に経験したかどうかは誰にもわからない。単純に知ることができないというわけだ。

一見したところ、フランクらの研究チームは、立証されていない結論に飛びつかないよう慎重に行動しただけのように思えるが、イカの睡眠の現象学的解釈に言及したがらない彼らの態度は、次の二つの理由で疑念を抱かせる。第一に、たとえ彼らの研究では覚醒時の変数を追わなかったのだとしても、その種の変数は数多くの研究によってすでに明らかにされている。フランクらの発見は、動物がレム睡眠時に動脈圧と心拍数の急激な上昇を経験する証拠を補強するものだ。こうした変化は、人間、ネコ、イヌ、ラットのような哺乳類[49]、そして魚類にも見られる。魚が眠ると、体内時計によって心拍と呼吸のリズムが遅くなり、代謝の低下が引き起こされる。[50] だが魚の睡眠周期には、代謝プロセスの向きが逆転して、心臓や呼吸器の活動が突然、しかも持続的に活発になる段階も見られる。[51] この急上昇は、何ごとかを経験している状態を示す生理学的なマーカーだと考えられる。また同時に、夢を見ていることを示す優れた指標の可能性もあるが、それは、その急上昇が「海馬シータ活動、PGO波、一連の眼球運動と時間的な関連をもつ」かたちで生じるために、通常、夢見体験の非生理学的マーカーに結びつけられるからだ[52]（海馬シータ活動、ＰＧＯ波、眼球運動はどれも人間の夢の現象学を示すお決まりの指標である）。

イカが夢を見ているか否かを知ることはできないという主張に対する私の第二の疑念は、フランクらが、たとえ覚醒時のデータはなくとも、自分たちの発見を用いて睡眠時と覚醒時のパターンの類似性を提示する可能性を何ら考慮しなかった点にある。[53]簡単に言えば、眠っているイカの色素系——何百万という色素胞で構成されている——が、あれほど高度に制御されたパターンを規則的に示したのが偶然だとするならば、統計学的に見てほとんど奇跡のようなことが起こったと考えるほかない。そのパターンが、イカの行動レパートリーの一つであったり、仲間を認識するなど、進化的、社会的に重要な状況と関連していたりする場合には、特にそれが言えるはずだ。

フランクらの研究を注意深く見てみると、彼らはこの問題を把握していたが、どう扱っていいのかわからなかったということに気がつく。その証拠に、睡眠中のイカの体色パターンが覚醒時のパターンを忠実に反映していることは「ありそうにもない」と彼らは主張するが、直後に「（その可能性を）完全に排除することはできない」と意見を後退させている。[54]また彼らは、「それゆえ、活動停止中に観察された色素胞の非ランダムな活性化が、レム睡眠時に脊椎動物に生じる活性化パターンと似ている可能性はある」とも書いている。[55]さらにある箇所では、（動物睡眠の研究者の多くと同様）自分たちが研究している動物の睡眠行動を「夢幻様」と表現さえしている。これは、その行動が夢の結果だと考えなければ意味をなさない表現である。

眠りながら「しゃべる」チンパンジー

この節で最後に検討する研究は、霊長類学者のキンバリー・ムコビが一九九五年に行ったものだ。ムコビは、それまでほとんど関心を払われてこなかった飼育下のチンパンジーの夜間活動に興味をもっていた。[56] そこで彼女は、セントラル・ワシントン大学のチンパンジー・ヒト・コミュニケーション研究所で飼われていたワショー、モジャ、タトゥ、ダー、ルリスの五頭を対象に、飼育員が帰り、電気の消えた夜間にチンパンジーが何をしているのかを調査してみることにした。

ムコビは、五台のカメラを檻に設置して、眠っているチンパンジーたちを夜な夜な観察し、さらには、その一六〇時間超に及ぶ録画を何日もかけて何度も見返した。そうして彼女がたどり着いた結論は、チンパンジーの生活のドラマは日が暮れても終わりはせず、夜明け前まで続くということだった。チンパンジーのマキャベリ的な権力闘争は夜になっても継続していた。おそらくそれは、権力者をグルーミングしたり、既存の友情をさらに深めたり、新しい忠誠を育むなどといった行動が、暗闇によって完全に覆い隠されて、社会の監視をかいくぐれるようになるからだろう。それに加えて、眠りにつくときでさえ社会の論理が働いていることもわかった。ジェーン・グドールが一九六〇年代にゴンベ川保護区で行った観察を裏づけるように、ムコビもまた、夜に誰と一緒に眠るかについてチンパンジーが無関心ではいられないことを発見したのである。大半のチンパンジーはもっとも親しい仲間の隣で眠ることを選ぶ。ダーとルリスもそうだったが、その二頭はほとんど常に「互いに手が届く場所で」眠っていた。本書にとってはさらに重要なことに、ムコビは、チンパンジーが夢を見ていることを示唆する睡眠行動も記録に残している。

たとえば真夜中に、眠っているチンパンジーの一部で「指と手の痙攣」が見られたが、[57] ムコビはこれをチンパンジーが夢のなかで「しゃべって」いる証拠と捉えた。ぴくぴくと動く手を夢のなかでの発話にすぐに結びつけられたのは、研究対象のチンパンジーに、仲間や人間の世話係とコミュニケーションがとれるように、アメリカ手話（ASL）を教えていたからだ。ムコビが観察した手の動きは、睡眠中に作られたハンドサインであって、チンパンジーはASLを用いて「しゃべって」いたのである。[58]

ムコビによると、チンパンジーは観察中に多くの手話単語を示し、大半は部分的なものだったが、完全なサインも四例確認できたという。それら四例は、霊長類によるASLを識別、分析、解釈するために霊長類学者が使用する「PCM基準」を満たすものだった。PCMという名称は、手話のサインが作られる「位置（place）」、手や指の「形状（configuration）」、手や指の「動き（movement）」の頭文字を並べたものだ。少し長くなるが、ここでムコビの文章を引用しておこう。

> 四つのサインに関して言えば、ワショーはPCM基準を満たす「COFFEE（コーヒー）」のサインを作った。そのときの「位置」は両手の内側（親指側）で、「形状」は、右手は指でものをつまむような形、左手はゆるく握っていた。「動き」は、Cの形をした左手を中心にして右手を周回させ、それと同時に両手を天井に向けて持ち上げていくというものだった。ルリスは、PCM基準を満たす「GOOD（良い）」のサインを二回作った。一度目の「位置」は口元で、「形状」は左手でゆるい8の形を作り、「動き」は左手を口元にもっていき、そこを二度叩くというものだった。二度目の「位置」と「形状」は一度目と同じだったが、今度は左手ではなく右手を使用した。「動き」も一度目と

似ていたが、口元に触れるのは二度ではなく一度だった。ルリスはそれ以外に、ＰＣＭ基準を満たす「ＭＯＲＥ（もっと）」のサインも作った。そのときの「位置」は右手の指先、身体の前だった。「形状」は左手をゆるくカーブさせ、「動き」は左手で右手の指先に触れ、脈を打つように何回か接触させるというものだった。最後に観察されたのは、ダーによるジェスチャーである。「位置」は身体の前で、「形状」は左手でゆるくＣの形を作った。「動き」は、その左手を身体の近くから上の空間へと持ち上げ（ダーは横になっていた）、そこで少し動きを止めてから、身体に向けて再び左手を下げるというものだった。しかし、このジェスチャーは、ダーが習得していた手話単語のＰＣＭ基準を満たしてはいなかったので、サインとして認定はしなかった。[59]

睡眠中のチンパンジーが手話のサインを作ったと認めるには、手が正しい位置に置かれ、指が正しい形を作り、手と指の動きが慣例（ＡＳＬの規則）に従っている必要がある。私の好きな例を使って説明すれば、ワショーの「コーヒー」のサインでは、両手を胸の前に置き、右手と左手で異なる指の形を作り、一定の時間にわたって両手を連動させて動かさなければならない。この動作が偶然に生じる確率は天文学的に低いに違いない。[60]

ムコビはチンパンジーの夜間の脳活動の記録を取っておらず、したがって、ここまで見てきた行動がレム睡眠中に起きたとは断言できないため、現在では、その行動が示す意味はいくぶん不明瞭なものとなっている。ムコビによると、「これらのチンパンジーは、睡眠中に話し、考え、もしかすると夢さえ見ていたかもしれない」という。[61] 証拠はなくとも、彼女はチンパンジーが眠っていたことを確信してい

図4　飼育されているチンパンジーは､眠っている間に手話（ASL）を使って「しゃべる」ことがある。この図は、ワショーがASLで「コーヒー」のサインを示しているところ。右手は指でものをつまむような形、左手はCの形を作っている。左手のまわりに右手で円を描き、それと同時に両手を胸から天井に向けて伸ばしていく。

る。「深い呼吸（いびきも混ざっていた）やまぶたを閉じていたなど、ちょっとした手がかりがあった」からだ。さらには、チンパンジーがサインを作った文脈も次のように例外的なものだった。

一般的に、チンパンジーたちがサインを用いるときは（雑誌を眺めながら自分自身にサインを出すタトゥは除くが）、自分以外の誰か、たいていはメッセージを送りたいと思っている相手に対してジェスチャーを行うものだ。しかし、あの夜間のケースでは、サインは誰にも向けられていなかった。この事実に加え、まぶたを閉じ、呼吸が一定であったことから、私はチンパンジーは眠っていたと考えるにいたった。[62]

チンパンジーはおそらく夢も見ていたのだろう、とムコビは述べている。その証拠として彼女は、寝言は夢と相関があることを挙げ、「寝言は、コミュニケーションの主な形式が話し言葉である者に限定されない」と指摘している。[63]

ムコビは次のように説明している。

睡眠中の手話の使用は、聴覚障害をもつ人間でも報告されている（Raymond, 1990）。さらにカースケイドンは、指の動きが、睡眠中の聴覚障害者が話している、あるいは考えていることのもう一つの指標になる可能性を指摘している（Carskadon, 1993）。思考の運動理論によると、構音器官における特定の筋活動は思考と密接に関連しているという。カースケイドンはこの理論を援用して、指の動きもまた思考と関連している可能性があると主張した。またマックスは、睡眠中の指の動きを筋電図を用いて観察し、健聴者に比べて聴覚障害者の方がはるかに活発に動いていたことを報告している（Max, 1935）。マックスはさらに、聴覚障害者における指の活動の増加が、夢を見たという報告と関連していることも突き止めている。[64]

人間という霊長類が睡眠中に見せる特定の兆候が、夢を見ていることとの指標になるのなら、それが人間以外の霊長類に当てはまらないとなぜ言えるのか？　ムコビの報告には、チンパンジーのダー（研究に参加したうちの一頭）が、真夜中に目覚めてすぐに足を蹴り上げ、ホーホーという声（パントフート）を発したというものもある。これについてムコビはこう説明している。「一つの可能性として、ダーが建物の外の音を聞いて目を覚まし、それに反応した結果、このような行動をとったとも考えられる。しかしながら、ビデオテープには明らかにおかしな音は録音されていなかった。もう一つの可能性は、ダーの行動が、夢あるいは悪夢の延長線上にあった、もしくはその『行動化』だったというものだ[65]」

機能神経解剖学な証拠——ジュヴェの猫

疑い深い人であれば、たとえ動物が夢を見るとしても、私たち人間が見る夢とは哲学的に重要な点で異なっているはずだと考えるかもしれない。おそらく動物の夢には、私たちの夢にあるような鮮明さ、映画のような高解像度、あるいは物語的構造が欠けているのではないか？[66]　この推論が当たっていれば、動物が眠っている間にさまざまな現象状態（色を見たり、匂いを嗅いだり、音を聞いたりなど）を経験することは認めつつも、その経験を「夢」と呼ぶのを拒否できることになる。たとえば、睡眠中の動物が夜ごとに見ている視覚的映像が、物語のような連続性をもたない、分断された現象状態だとわかったとしよう。その場合、それは夢というよりも、私たちが眠りばなに見る入眠時心像や、熱中症のときに見える幻覚に近いものと主張できるだろう。

人間の夢と他の動物の夢には、本当にそうした質的な違いがあるのだろうか？　言うまでもなく、私たちは動物に夢の内容を尋ねることはできない。したがって、その夢が脈絡のある出来事の直線的なつらなり、何らかの一貫性をもった物語として構成されているか否かを断言するのは難しい。とはいえ、一九六〇年代に行われた機能神経解剖学の調査は、その可能性を示唆している。すなわち、動物の夢は、ばらばらの現象状態の羅列ではなく、明確な夢の枠組みに適合する活動のつらなりのように見えるのだ。物語の構造をもつという点では、人間の夢も動物の夢もそう変わりはないかもしれない。

本章では先に、神経生理学的な夢の研究を発展させていくには、夢を見ているときの行動を注意深く分析する必要があるという、ミシェル・ジュヴェの主張を紹介した。ジュヴェは、二〇世紀の夢研究における最重要人物であると同時に、数少ない専門家の一人でもあり、動物の夢について話すことに何のためらいも見せない。彼が夢に注目したのは一九五〇年代のことだ。当時すでに、哺乳類の睡眠が二つの段階、すなわち、大脳皮質の脳波（EEG）活動が低レベルな時期と高レベルな時期に分かれ、後者は観察可能な急速眼球運動（REM）と関連があることがわかっていた。だがその一方で、レム睡眠は「浅い眠り」の一形態であり、眠っている者の心のなかでは興味深いことは何も起こっていないというのが、科学界の定説でもあった。[67] 当時の考えでは、私たちが眠りにつくと、私たちの心と身体は、最小限の生物学的要求を満たすのに必要なものを除いて、効果的に機能を停止する。眠っている私たちは、生者と死者の間の境界線上で不安定ながらもなんとかバランスを保っているというわけだ。こうした状態では、認知、志向性、意識といった高コストの機能を働かせるような贅沢はできない。私たちは眠りにつくたびに心の深淵へと身を落とし、そこからどうにかして浮かび上がることで目を覚ますのである。このようなコンセンサスがあったおかげで、一九五〇年代の夢の研究者たちは、眠っている人が夜を通じて定期的に示す急速眼球運動を意味のないノイズ、睡眠がきっかけで生じる特に理由のないランダムな身体の動きと解釈するようになった。

しかし、ジュヴェはこの見方を否定した。彼はレム睡眠を「浅い眠り」とは見ずに、「逆説的な眠り」と捉えたのである。[68] ここで「逆説的《パラドキシカル》」と形容したのは、簡単に言えば、レム睡眠中、身体はほぼ完全に受動的な状態にある（根底に主観的な経験がないことを示唆する）にもかかわらず、大脳皮質は起きて知覚しているときと同じくらい能動的な状態にある（意識があることを示唆する）というパラドックスがあるからだ。低い運動活動と高い皮質活動が同時に存在するという事実は、それを説明する理論を必要とする。そこでジュヴェは、そのような理論に到達できるとすれば、レム睡眠が「夢に満ちた」睡眠であり、また『オデュッセイア』のペネロペイアの言葉を借りれば、「ありもしなければ、目にも見えない」ものと対峙する睡眠段階であるという可能性を私たちが真剣に受け取ったときだろうと主張した。[69]

ジュヴェの主張のなかでも特に示唆に富むのは、「逆説的な眠り」の間に観察される急速眼球運動は、「運動ニューロンの無秩序な活動を反映したたんなる付帯現象」ではなく、「神経系のどこかに捕らわれていた、組織化された運動行動の一環」であるというものだ。[70] レム睡眠の状態にある者は、一元化された行動プログラムを心のなかで再生している。このプログラムは外面には現れない。なぜなら、眠っている者は、睡眠がもたらした生化学的な変化によって弛緩状態となり、その結果、随意運動の制御を失うからである。こうした変化は、眠っている者の心のもっとも奥まったところに行動プログラムを「閉じ込める」が、この抑制的なプロセスを逃れて、表面に出てくるものが一つだけある。それが急速眼球運動だ。とはいえ、ジュヴェが強調するところによると、急速眼球運動は行動プログラムの一部、氷山の一角にすぎない。

ジュヴェは、一九五〇～六〇年代に飼い猫を対象に一連の実験を行い、心の奥深くに隠された運動プログラムの発現を妨げる神経機構を不活性化することで、そのプログラムの存在を証明しようと試みた。[71] 彼が考えたのは、レム睡眠自体を損なうことなく、レム睡眠に伴って生じる弛緩状態を抑制できれば、心のなかに閉じ込められたプログラムが解放されて、眠っている者が夢を「行動化」するようになるのではないか、ということだった。彼はまず、この実験を行うためにネコの橋網様体《きょうもうようたい》の背外側部を切断した。この脳構造に損傷を与えると、レム睡眠はそのままに、弛緩状態を抑制できることが研究からわかっていたからだ。

実験の結果は驚くべきものだった。橋網様体を切断され、橋病変を呈したネコがレム睡眠に入ると、本当に夢を「行動化」したのである。ネコたちは、身体を起こし、鳴き声を上げ、歩き回り、毛づくろいをし、周囲を探索した。喜んだり、怒ったり、怖がったり、さらには性的に興奮したようなそぶりさえ見せた。獲物に飛びかかる準備をしているかのように何もない空間をじっと見つめるネコもいれば、ドン・キホーテのように架空の敵と戦って、ケージのなかを元気に走り回るネコもいた。信じられないことに、そのすべてが眠りながら実行されていたのだ。[72] こうしたネコの行動は、バランスや敏捷性を失っていない実に見事なものだったので、ジュヴェは、覚醒時の典型的な行動と比較するだけで、それぞれのネコがどのような夢を見ているかが容易に推測できると主張した。たとえば、歯ぎしりをしながら「前足で何かを捕まえようとしている」ネコであれば、きっと狩りの夢を見ているのだろうし、「耳を後ろに倒して、いつでも噛みつけるように口を開け」ながら、何度も足で「虚空を」ひっかくネコであれば、けんかの夢を見ているのだろう、という具合だ。[73]

ここでジュヴェが力説するのは、ネコが置かれた客観的な環境を考慮すれば、睡眠中に見せた行動には明白な目的が何一つないことがわかるということだ。なぜなら、実験室には捕まえるべき獲物も、けんかする相手も実際には存在しないからだ。こうした行動が機能的に、そして目的があるように見えるのは、ネコの夢の世界や、そこで繰り広げられたに違いないネコの濃密なドラマと行動を関連づけた場合のみである。したがって、こうした行動は、ネコの心のなかにだけ存在する主観的な現実、言い換えれば、物語としての明確な構造をもつ現実に向けられていると言える。このようにジュヴェの研究は、眠っている動物が生《なま》の感覚の集合を場当たり的に受け取っているのではなく、複雑な「生きられた経験」を享受していることを示している。その経験は、一元化された知覚的現実――人類学者デレク・ブレレトンが言うところの「視覚的シナリオ」[74]――であり、そこでは物語という横糸に支えられて、出来事が順番に生じているのだ。

図5　ミシェル・ジュヴェの実験室のネコ。筋弛緩に関連する神経細胞を外科的に取り除くと、睡眠中のネコが架空の敵と戦うようになる。かわいそうなことに、口を開けて噛みつこうとしたり、耳を後ろに倒したり、前足で虚空を引っ掻いたりなど、強い不安の兆候が表れている。

広い視野で証拠を見る

現時点では、夢見体験が動物界のどこまで広がっているかを正確に述べるのは難しい。睡眠パターンについてよくわかっている動物もいれば、ほとんどわかっていない動物もいるからだ。また、特にホモ・サピエンス以外の種においては、何をもって夢を見ている証拠とみなすかは未解決の問題である。

本章ではここまで、電気生理学的研究、行動学的研究、神経解剖学的研究に根ざした実証的な証拠を見てきたが、そうした証拠でさえも概念上の問題がないわけではない。まず電気生理学的研究から見ていくと、そこで得られたデータは、互いに対立する解釈を生み出す場合が多い。データに基づいて主観的経験に関して何か結論を出そうと思っても、一筋縄ではいかないことがあるのだ。特に、脳の状態が大きく異なっていながら同じ主観的経験が得られる場合に、そうしたケースが多い。例を挙げれば、人間は、眠りにつくとき、レム睡眠中、ノンレム睡眠中、そして目を覚ましているときでさえ、夢のイメージを経験するが、脳の活動はそれぞれの状態で異なっている。[75] 同様に、行動学的なデータも明確な結論につながらないことがある。問題になるのは、睡眠に関連した行動には夢見体験の指標としては信頼できないものがあり、それを信頼すると、夢を「誤検出」してしまうことだ。また一方で、私たちは慣習的に、動物の夢幻様行動をその動物にとってのみ意味があるとみなすべき場合（ネコのひげが忙しく動くなど）でも、それを人間の夢幻様行動の忠実なコピーとして捉えてしまうという問題もある。こうした慣習的な捉え方もまた、夢の誤検出を数多く生み出す原因となっている。[76] 最後に神経解剖学的研究について述べると、そのデータは認知に関する議論で中心的な役割を果たしてきたが、神経解剖学的な類似をどこまで重視するかは、いまだ意見が分かれている。とりわけ、神経組織が似ていないにもかかわらず、類似した認知的機能が見られる場合には、この傾向が強い。

このように問題はいくつか存在するが、それらは決して乗り越えられないものではない。電気生理学的、行動学的、神経解剖学的な知見は、単独であれば説得力をもたないかもしれないが、それらを一つにまとめることで、動物の夢に関する以下の結論を支持するような、確かな証拠のネットワークが生まれるからだ。

1　多くの動物は、ミシェル・ジュヴェが「逆説的な眠り」と呼んだもの――人間が夢を見る典型的な段階――に似た睡眠状態を経験する。

2　この睡眠状態にあるとき、動物は覚醒時の行動を心のなかでリプレイ（再現）する。

3　リプレイは、それが再現している覚醒時の行動と同じタイムスケールで展開する場合が多い。

4　リプレイには、覚醒プロファイル（心拍、呼吸、血圧の変化）が伴う。

5　リプレイは、その動物の運動系の一部（急速眼球運動の場合など）、あるいは全体（眠りながら走る場合など）との協働を必要とする夢幻様行動と結びつく傾向がある。

6　通常の状態では、夢に関連する行動のすべてが発現することはないが、発現を抑制する脳のプロセスを不活性化することで、表面にあらわれてくるようになる。

7　夢幻様行動は、物理的な刺激に対する機械的な反応ではなく、生物学的、心理学的に意味のある「生きられた状況」に対する反応として解釈するのがもっとも適切である。

どこに線を引くべきか——哺乳類から始めよう

どの動物が夢を見るかという問題は非常に難しく、先に挙げたような各種の証拠を用いたとしても解明できるものではない。目下のところ、夢を見ている動物の最有力候補は哺乳類だ。二〇二〇年に「比較神経学ジャーナル」に発表された論文では、著者のポール・マンガーとジェローム・シーゲルが、哺乳類が夢を見ていることはほぼ間違いがないので、問われるべきは、はたして夢を見ない哺乳類がいるのかどうかだと述べている。とはいえ、二人がすぐに付け加えたように、この問いの答えは、夢とレム睡眠の関係に対して「強硬な立場」をとるか、「柔軟な立場」をとるかによって変わってくる。ここで強硬な立場とは、夢見体験はレム睡眠時にしか生じないとするもので、柔軟な立場とは、その体験がレム睡眠時にもノンレム睡眠時にも生じうるとするものだ。もし私たちが強硬な立場をとるのなら、単孔類、クジラ目、鰭脚類《ききゃくるい》などの哺乳類は基準を満たさないことになり、アフリカゾウ、アラビアオリックス、ケープハイラックス、マナティーなどの哺乳類は判定が難しいケースになるだろう。[77] 反対に柔軟な立場を選べば、クジラ目だけが除外される。なぜなら、クジラ目は、眠りの表現型がどんな夢とも論理的に整合しないように見える唯一の生物分類だからである。マンガーとシーゲルは、「クジラ目は、それがどのようなものであれ、夢を見ていると容易に規定できる睡眠中の心的表象を経験している可能性がもっとも低い哺乳類であるように思われる」と述べている。[78]

わざわざこの説明を持ち出したのは、どちらかの立場をとるよう読者を説得したいからではない。結局どちらを選んだとしても、マンガーとシーゲルが論文のタイトル（「すべての哺乳類は夢を見るか？」）に用いた疑問には、肯定的に答えざるをえないからだ。いくつかの例外が存在する可能性はあっても、それでもすべての哺乳類は夢を見るのである。もちろん、例外を見逃すのは良いことではない。だが、「哺乳類学ジャーナル」に最近掲載された論文によると、地球上には六〇〇〇種を超える哺乳類が現存すると推定されているそうだ。[79] それを考慮すれば、大枠においては、例外は取るに足らないものに思える。

ここまで見てきたように哺乳類は夢を見ている。では、他の動物はどうだろうか？　電気生理学的なデータを見ると、鳥類も魚類も夢を見ている可能性が高いのがわかる。また、行動学的なデータは、動物界のすべてのグループが夢幻様行動をとることを示している。そうした動物には以下のものが含まれる。ネズミ（マウスとラット）、ウサギ、イヌ、ネコ、チンパンジー、[80] オポッサム、[81] カモノハシ、[82] ハリモグラ、[83] リスザル、[84] シロイルカなどの哺乳類。キンカチョウ、[85] ダチョウ、[86] ペンギン、[87] フクロウ、[88] ハト、[89] ハゲワシ、[90] ニワトリなどの鳥類。アガマ、[91] カメレオン、[92] イグアナ、[93] トカゲなどの爬虫類（ワニとカメは未確定）。[94] イカ、[95] タコなどの頭足類だ。[96] 最後のグループ、すなわち頭足類における夢幻様行動の発見は衝撃的な出来事だった。[97] というのも、その発見は、少なくとも二つの門（脊索動物門と軟体動物門）において、夢見体験が独立に進化してきた可能性を示唆するからである。もしそれが真実であれば、現代の夢の研究は甚大な影響を受けることだろう。たとえば、逆説的な眠りは恒温動物（鳥類と哺乳類）に限られるというミシェル・ジュヴェの仮説や、[98] 逆説的な眠りは変温動物（魚類、両生類、爬虫類）にもあるとする、生物学者イーダ・カルマノヴァによる革新的だが知名度の低い仮説は、[99] [100] ともに破綻することになる。[101] 頭足類が夢を見られるのであれば、そうした心的状態を経験できる種は、従来考えられていたよりもずっと広く、一見到達不可能な進化的距離にわたって広がっているに違いない。[102] [103]

しかしながら、そうした広がりもいつかは限界を迎える。それは否定しようのない事実だ。私たちは、哺乳類や鳥類、そしてタコですら夢を見ると自信をもって主張するかもしれない。だが、どこまでも広がる生命の系統樹をたどっていくうちに、夢の仮説にもやがてほころびが出てくる。チンパンジーは夢を見るか？　イエス。タコはどうだろうか？　イエス。魚類は？　おそらくイエス。では、アリやハチ、海綿動物だったら？　ここで私たちは、それまで続いていた連続性が途切れ、正確にいつと言うことはできないが、どこかでたしかに一線を越えたことを知るのである。医師のアンドルー・フライバーグは、「夢は、人間や霊長類、あるいはすべての哺乳類の睡眠において必ず見られる機能かもしれないが、その機能をミミズやユリに拡張するのは考えものだ」と述べ、この問題をはっきりと指摘している。[104]

私はこの問題を本書で解決できると言うつもりはない。ダーウィンの『種の起源』が刊行されてから一五〇年の間、生物学では、「自然界には明確な一線というものはない」という教訓が消えることなく受け継がれてきた。だとすれば、私にいったい何ができるというのか。しかし、冷静に物事を見る目を失ってはいけない。たとえ夢を見る動物と夢を見ない動物を隔てる明確な一線という慰めがなくとも、私たちはすでに出発点とはまったく異なる場所にいる――哺乳類だけが夢を見るという考え方からは何マイルも離れ、ホモ・サピエンスが地上で唯一夢を見る動物だという考え方からは数光年も遠ざかっているのだ。ここで私たちは、ある選択を迫られることになる。つまり、人間中心主義的な夢の理論に固執して、本章で示したような科学的発見を無視するのか、あるいは、生物科学の成果に従って、謎の多い動物の夢の世界に足を踏み入れるのか、という選択だ。どちらの選択肢も特別好ましいものではないかもしれないが、それでも、その二つの選択肢の間にあったどちらつかずの意見は急速に立場を失っているのは事実であろう。

足元の隙間にご注意

注意したいのは、動物が夢を見ているか否かを知識に基づいて判断できるという主張と、動物の夢の内容に自由にアクセスできるという主張を混同してはならないことだ。第2章で取り上げる動物の感情分析が示すように、私たちは夢の内容に部分的にアクセスできる場合もあるが、それは常に制限されており、必ず何らかの問題を伴っている。

大まかな考え方として、動物の夢の分析は、次の二つの包括的な原則に従っている必要がある。一つは「種間差」の原則で、睡眠周期、知覚システム、認知能力、進化の歴史が種によって異なることをしっかりと認識して、それぞれの種ごとに課題に取り組むというものだ。[105] もう一つは「種内差」の原則で、同じ種に属していても、個体が異なれば、感覚能力、身体能力、認知能力に大きな差が生じているという事実を認めることだ。[106] この二つの原則は、たとえ私たちが人間以外の動物の夢の世界にいくらかアクセスできるとしても、そこには限界があり、種と種、個体と個体を分ける差異を尊重すべきであることを強く訴えかけている。動物の夢の世界は「セリオモーフィック(theriomorphic)」なものだ(therio はギリシャ語で「獣」や「動物」の意、morph は「姿」や「形状」の意)。言い換えれば、動物の夢の世界は、その動物独自の「形状」をとっているのである。

この考え方は、見慣れていながら異質であり、近くにありながら遠いといったような、居心地の悪い認識論的立場に私たちを追いやるものだ。それは私も認めよう。しかし、私たちはその居心地の悪さを受け入れるすべを学ぶ必要がある。なぜなら、そうした境界線上の空間にこそ、人間と動物の間の新しい可能性が開かれるからだ。そうした新しい可能性には、私たちのすぐ近くではあるが、たしかに自分の力でこの世界をうろつきまわる精神《どうぶつ》たちについて、何か意味のある発見をすることも含まれるだろう。実のところ、私たちは、この居心地の悪さを受け入れるだけでなく、大切に育んでいく必要さえあるのかもしれない。突き詰めて考えると、動物とは、人間の概念的、言語的、解釈学的な網で完全に掬《すく》い取れるものではない。だとすれば、私たちにできる最善のことは、人間と動物を隔てる多くのものごとを尊重しながらも、反対に私たちをつなげているものを理解しようと努めることではないだろうか。

　夢はこの両極性をよく表している。人間中心的なうぬぼれがなければ、動物が人間とまったく同じようなかたちで夢を見ているなどと期待する者は誰もいまい。動物が身を置く世界は、目覚めている状態ですでに、私たちの世界と根本から異なっている。なぜなら、動物たちの世界は、動物たち自身の感覚モダリティ、運動可能性、生態学的アフォーダンスに立脚しているからだ。[107]では、動物の夢の世界もまた、多様で、異質で、非人間的なのだろうか？　たとえば、私たち人間の夢では、匂いについての報告というのはめったに見られない。だが、イヌの世界は嗅覚が中心なので、その夢も視覚的ではなく嗅覚的である可能性があるし、キンカチョウの夢は、視覚的、嗅覚的要素を伴わない音の経験なのかもしれない。こうした違いがあるからといって、動物たちの経験を夢と呼べなくなるわけではない。それどころか、それぞれを「嗅覚的な」夢、「音楽的な」夢とみなせるだろう。哲学者のルートヴィヒ・ウィトゲンシュタインは、「もしライオンが話せたとしても、私たちにはその話を理解することはできないだろう」と言った。[108]それと同じように、もしライオンが夢を見ていたとしても（私はそう信じているが）、私たちはそれを理解できないはずだ。ライオンが夢を見ていることがわかったとしても、その夢がライオンにとってどのような意味をもつかはわからないのである。[109]

古い知恵を再利用する

本章を締めくくるにあたり、二つの見解を簡単に述べておくことにしよう。まず第一の見解は、本章で扱った考察が私たちを一九世紀の自然科学者たちの世界に誘い、その知恵を再発見させるということだ。当時の自然科学者たちは、動物のなかに複雑な心の状態の兆候をさがし、動物には夢を見る能力があると主張した――ジョージ・ロマーニズの言葉を借りれば、公然と「認定した」――のだった。[110]私たちは、彼らの理論を批判精神の欠如した儚《はかな》い幻影と受け取る代わりに、その理論が時間の経過と共に価値を（失うのではなく）増しているのではないかと自問すべきであろう。科学の歴史においては、新発見によって、それまで時代遅れとされてきた理論に予期せぬ信用が与えられ、新たな息吹が吹き込まれるという事例がいくらでも見つかる。フランスの哲学者ガストン・バシュラールは、かつて次のように述べたことがある。「知識の様相ががらりと変わるとき、古い名前が突如として再び重要になる」[111]。再発見の旅に出るには、私たちはただ、現代の知識、利益、関心という光を用いて、古い考えを再び照らし出すよう努めればよい。

第二の見解は、動物の夢の研究を分析していると、科学は哲学と無縁ではいられないことが浮き彫りになる、ということだ。科学研究には、データの意味をどう解釈するかという問題が常につきまとうが、その問題はデータ量が増えれば答えられるようなものではない。問題を解くためにすべきなのは、最高の科学と最高の哲学を照合することだ。本書の場合で言えば、夢や意識の性質について哲学的にわかっていることを用いて、動物の睡眠と認知について科学的にわかっていることを補強していくのである。

次章ではこの課題に目を向けることにしよう。

第2章　動物の夢と意識

動物は夢を見ている。このありきたりな言葉が示唆する哲学的、歴史的な意義はきわめて重大で、しかもこれまでほとんど注意を払われてこなかったと考えるのは、私の誤りだろうか？

――ジョージ・スタイナー[1]

哲学的怪物

動物の意識の存在を肯定的に扱っている論文は、神経科学、心理学、哲学の分野で数多く出版されているが、そこには一つの共通点がある――眠っている動物の心で何が起きているかには誰も関心がない、という共通点だ。[2] そうした論文が注目しているのは、目覚め、警戒し、周囲の環境に能動的に関与しているときに動物に起きていることなのである。動物は快や不快を感じられるのか？　他者の意図を理解できるのか？　喜び、共感、悲嘆のような感情を経験できるのか？　パズルを解いたり、推論や抽象概念を理解することが可能なのか？　研究者がこの種の疑問を扱いたがる気持ちは私にも理解できる。動物の行動を引き出し、制御し、解釈するのは、睡眠中よりも覚醒時の方がずっと簡単にできるからだ。とはいえ、このように研究対象を覚醒時の行動に限定してしまえば、動物経験の全体像を見誤り、動物の心を十全に理解できなくなる恐れはないだろうか？「きわめて重大」な哲学的意義をもっとスタイナーが言った動物の意識に対して、うかつにも背中を向けていないか？　そうした疑念を私は払拭できないでいる。

本章では、動物の夢を中心とした、動物の意識の事例について見ていく。ここでの私の主張は、夢を見られる生き物が意識をもっていないことはありえない、というものだ。多くの動物が夢を見ているという信頼できる証拠はある。だとすれば、そうした動物は意識をもった行動主体であるほかなく、タコのハイジやウィトゲンシュタインのライオンのように私たちのそれとはまったく異なっていたとしても、ともかく自分自身の世界観をもっているに違いないことになる。「意識はもたないが夢は見る存在」とは、まさにウィトゲンシュタインが「哲学的怪物」と呼んだもので、まともな哲学理論であれば到底受け入れられない概念である。

動物の意識に関して、本章は二つの段階に分けて議論を進める。第一の段階では、夢を見ることは意識――気づいているという性質として広義に理解されている――の十分条件であって、必要条件ではないことを示す。[3]　このことが了解されれば、この広義の意識の理解をいったん脇において、私たちは、意識を複合的な現象――ゼロか一かといった単純なものではなく、さまざまなタイプから構成される現象――と見る現代の科学者、哲学者の考えに従うことができるようになるだろう。よって第二の段階では、動物が「意識」と呼ばれる単一の何かを所有すると主張するのではなく、意味のあるかたちで動物に帰せられる特定のタイプの「意識的な気づき（conscious awareness）」について検討することになる。その目的のために私が用意したのが「ＳＡＭモデル」という新しい概念で、このモデルでは意識を「主観的意識」、「感情的意識」、「メタ認知的意識」の三つに分類している。各用語の詳しい意味はのちに見るが、簡単に言えば、これら三つの意識はそれぞれ、動物が自分自身を現象世界の中心として経験しているか、感情、気分、情動を経験しているか、自身の心的状態をモニタリングできるか、ということを問題にしている。本章では、この意識モデルを動物の夢と結びつけ、動物が夢を見るならば主観的意識は常に存在すること、感情的意識は多くの場合存在すること、メタ認知的意識はときに存在する可能性があることを示していく。

意識の十分条件としての夢

夢には必然的に意識が伴われるという考え方は新しいものではない。心理学者のデイヴィッド・フォルクスは一九八〇年代に、私たちは夢を見るから意識を獲得するのではなく、「意識を獲得したから夢を見るのだ」と述べた[4]。一九九〇年代にも、影響力のある哲学者や神経学者が同様の意見を表明している。たとえば、ジョン・サールは、夢を「意識の一形態ではあるが、通常の覚醒状態とは多くの点でひどく異なっている」と表現し[5]、消去的唯物論の筆頭擁護者であるポール・チャーチランドは、「夢を見ている間の意識が標準的なものではないのは明らかだが、同じ現象の別の側面であるように思える」と主張している[6]。つまりサールとチャーチランドは、フォルクスと同じく、夢を意識的な気づきの一様式《モード》と見ているのだ。哲学者エヴァン・トンプソンも、『目覚めている、夢を見ている、存在している――神経科学、瞑想、哲学における自己と意識』という著書で、同様の立場から自説を展開している。トンプソンによれば、西洋の哲学者は、歴史的に意識を二元的なものとして扱ってきたという。つまり、灯っていたり消えていたりする電灯のように、ある瞬間に、ある生物のなかに完全に存在しているか、まったく存在しないか、そのどちらかの状態をとるものと見てきたのだ。このような古典的な立場では、私たちが意識をもつのは、目覚め、自覚し、心的な能力を十全に発揮しているときだけになる。それ以外のとき（ここには夢を見ているときも含まれる）は、無意識あるいは非意識の状態にある。[7]

トンプソンは、古代インドのヨガの伝統にヒントを得て、意識とは時間によって異なる形態をもつマルチモーダルな現象なのだから、先のような二元的な解釈は手放すように勧めている。意識は、消えたり灯ったりする電灯ではなく、さまざまな生物学的、生理学的、心理学的、社会的変数によって、時間の経過と共に構成が変わっていく配電盤のようなものだというのだ。トンプソンはまた、ウパニシャッド（ヒンドゥー教の中核となる考えを著した紀元前七世紀頃の書物）の一つ「偉大なる森の教え」に基づいて、意識の様式を「目覚めている意識」、「夢を見ている意識」、「夢を見ない眠り」、「純粋な気づき」の四つに分類した（表1を参照）。

これら四つの意識の様式は、現象学的にはそれぞれ互いに異なったものだが、一つの共通点をもっている。それは、インドの書物やのちの仏教の経典で、意識的な気づきの存在を示すしるしとして挙げられているもの、すなわち「光浄（luminosity）」だ。それがあることで、観察者にとって現象が「照らされ」（西洋の現象学者であれば「開示され」と言うかもしれないが）、主体に対して世界が「姿を現す」のだ。トンプソンは次のように書いている。

「光り輝く（luminous）」とは、光のように、明らかにする力をもつという意味だ。太陽がなければ世界が闇に包まれるように、意識がなければそこには何も現れえない。意識は何かを出現させるのに

表1　エヴァン・トンプソンの意識の理論

目覚めている意識	夢を見ている意識	夢を見ない眠り	純粋な気づき
目覚めていて、周囲の環境に注意を向けている状態。自分が置かれた現象的な場の特定の側面に注目することができる。	眠っている間、とりわけレム睡眠中に生じる現象的な意識状態。夢を見ているときは、夢の世界のなかの事象に注意が向けられている。	眠っているが、夢を見ていない状態。普通はノンレム睡眠中に生じる。仏教徒にとっては、意識は残っているが最小限にとどまっている状態。	瞑想中や臨終の際に到達する高度な洞察に関連すると言われる状態。物議をかもしている。

不可欠な前提条件であり、したがって、意識とは明らかにするもの、顕現させるものである。より厳密に言えば、何ものも意識に、向けて現れないかぎり現れることはない。意識がなければ、世界は知覚に現れず、過去は記憶に現れず、未来は希望や期待に現れることができない。[8]

意識とは、「何かを顕現させ、それを何らかの方法で感知するもの」であり、また、主体が即座に把握し、自分のものとして経験する「知覚の場」に光を当てるものである。[9] トンプソンは、四つの意識の様式は「照らし出す」性質を等しく共有しているので、そのうちのいくつかが、チャーチランドが言うように「標準的なものではないのは明らか」だとしても、すべてに必ず意識が存在すると主張している。

夢の哲学の世界的権威ジェニファー・ウィントとトーマス・メッツィンガーもまた、別の過程を経て、同じ結論に到達した。二人が目を向けたのは、古代インドのヨガの伝統に立脚した理論ではなく、西洋の哲学者がこれまで特権を与えつづけてきた意識体験の様式、すなわち覚醒時体験だった。そして、それを「意識のある」ものにしている条件が、他の様式、特に夢見体験においても満たされる可能性があるかを検討した。ウィントとメッツィンガーによると、覚醒時体験に意識があるとされるのは、以下の三つの形式上の制約を満たしているからだ。

1　現前性――「今、ここ」を示す「世界の存在」を必然的に伴うもの。この世界は、意識を世界の何らかの側面に常に向けている主体に対して姿を現す。

2　グローバル性――主体を全体のなかに取り込む「現実の全世界《グローバル》モデルの活性化」を必然的に伴うもの。ここでは、主体がこのモデルを多くのモデルのうちの一つとして把握できるような、外部からの視点（神の視点）は存在しえない。なぜなら、このモデルは主体を包み込み、その現実のパラメータを規定しているからだ。

3　透明性――主体が、モデルとしてではなく、現実そのものとして「現実の全世界モデル」を経験することを仮定するもの。経験主体は、全世界モデルのモデルとしての次元にはアクセス不能でなければならず、つまり、主体にとってモデルは「透明」である必要がある。[10]

この三つの制約を具体的に理解するために簡単な例を見てみよう。バスに遅れないように通りを走っているとき、私には「意識がある」が、それは、すべてを包み込む世界、外部の視点から把握することができない世界に私が没入しているかぎりにおいての話だ。私にとってみれば、その世界こそが「今、ここ」の現実である。シミュレーションでもなければ、私の想像の産物でもない。バスに乗るために走っているときに私に「意識がある」のは、グローバル性と透明性をもった現実を提示されているからだ。ここで重要なのは、このような経験を「意識がある」と表現できるのが、先述の基準を満たしているからだとすれば、夢を見ている状態をそう表現しないのは道理に合わないということだ。バスに乗るために走る夢を見ているとき、私はそこでもまた「今、ここ」に没入している。そして、自分の夢の「今、ここ」を、遠くから見た光景としてではなく、自分を包み込む全体として経験し、その全体を何らかの代用品ではなく現実として経験している。よって、夢を見ている私には、間違いなく「意識がある」。自分が夢を見ていると必ずしも意識していなくともそうなのだ。[11] 夢のなかで、私は夢を見ていることを意識していない。夢を見ているから意識をもっているのだ。

純粋に現象学的な視点から見れば、夢とは世界が存在していることにすぎない。主観的経験のレベルにおいて、夢の世界は「今、ここ」を表すものとして経験されている。それは夢を見ている脳によって構築されたモデルであるにもかかわらず、モデルとしては認識されず、現実そのものとして経験される。哲学の表現を用いれば、夢を見る脳によって生み出された現実モデルは哲学的に透明であり、経験主体にはそれがモデルであることが見えない、と言えよう。[12]

ウィントとメッツィンガーはさらにこう付け加えている。「夢もまた、［これらの］制約を満たすので、意識経験だと言うことができる」。[13] この主張は、一九八〇年代にフォルクスが指摘していたこと——夢を見るとき、私たちは世界全体を提示する現象の場の前に立っているので、論理的に考えれば、夢を見ることは意識を必ず伴う――と内容としては同じものだ。一七世紀のデカルトの有名な言葉を借りれば、次のように言えるかもしれない。「我夢見る、ゆえに我あり」

意識のSAMモデル

意識は定義が難しいことで有名だ。それが何を意味するのか、対義語は何かについて、専門家の意見は一致していない。また、意識がどのように生まれるのか、ある人がある時点で意識をもっているか否かをどう判断するのかについてさえも、コンセンサスは得られていない。一九六〇年代初頭、心理学者のジョージ・ミラーは定義の難しさに立腹し、科学文献でこの用語を使用することをいったん中止しようと呼びかけた。このような輪郭のはっきりしない言葉を使えば、心理学研究の明晰な議論も曇っていくほかないと危惧したのである。

意識という言葉は、一〇〇万もの舌によって言い尽くされてきた。それは採用された表現によってさまざまに変わり、たとえば、存在の状態になったり、実体、過程、場所、付帯現象、物質の一つの側面、あるいは唯一の真の現実になったりする。ひょっとすると、より精緻な用語になるまで、一〇年か二〇年の間、私たちはこの言葉を使うのを禁じるべきかもしれない。[14]

ミラーのこの忠告は同時代の研究者に受け入れられ、事実上の一時停止《モラトリアム》が実施された。その結果、人間の精神について書きながらも、「意識」や「意識経験」に言及することのない本が、数十年にわたり次々と出版されることになったのである。スタニスラス・ドゥアンヌは、意識の「グローバル・ワークスペース理論」で知られているフランスの神経科学者だが、『意識のコード』という著作のなかで、一九八〇年代になるまで、科学論文、ジャーナル、学会において、意識に関する話題がいかにタブー視されていたかを詳しく述べている。この時代に神経科学の分野に入ってきた若い研究者たちは、さまざまな刺激に対して人間がいかに、いつ、なぜ意識を向けるようになるかを調べる実験を企て、被験者に想定される「意識」なるものには決して言及することなく、その実験結果を権威あるジャーナルに発表するよう奨励された。ドゥアンヌによると、意識という概念は「科学的な心理学の基礎となるようなものは何一つもたらさない」と考えられていたようだ。[15] つまり、余計なものとみなされていたのだ。

今日では、意識はもはや科学者にとってのタブーではないが、それをどう定義すべきかという問題は依然として残されたままだ。ここ二、三〇年の間に、この問題に取り組むには、意識をいくつかの下位カテゴリーに分割して、それらがどう作用し、互いに関係しているのかを理解するのが一番の方法だというコンセンサスも、緩やかながら形成されてきた。この問題に関心をもつ現代の専門家は、意識にはさまざまな形態――どのようなものかは専門家によって異なる――があるという前提から始めるのがごく一般的な態度になっている。

こうしたアプローチの利点としては、意識の大がかりな定義を前もって決めておくことなく、意識経験の可鍛性《かたんせい》〔変形可能な性質〕、多用途性、多元性に容易に取り組めるようになることが挙げられる。一方で、このアプローチには欠点もある。その一つが、分類の種類が急増して、それぞれの専門家が独自のやり方で意識を切り分けてしまうことだ。[16] しかし本書では、すでに十分に描き込まれたキャンバスにもう一筆加える危険を冒すことにはなるが、意識を「主観的意識」、「感情的意識」、「メタ認知的意識」の三つの下位カテゴリーに分けることを提案したい。先述のとおり、主観的意識とは自分の現象的現実の中心にあること、感情的意識とは感情、気分、情動に関すること、メタ認知的意識とは何らかのかたちの内省に関与する認知プロセスに関することである。主観的（subjective）、感情的（affective）、メタ認知的（metacognitive）のそれぞれの頭文字をとって、私はこのモデルを「意識のSAMモデル」と呼んでいる（図6を参照）。

　この三つに落ち着いたのは、これらのカテゴリーが、現代の人間の夢の研究に何らかのかたちで驚くほど頻出するからであり、こうしたカテゴリーが種の枠を越えてどこまで広がっているかを知りたいと思っているからだ。意識のSAMモデルを提示するのは、動物界全体における意識経験の完全な見取り図を示すためではない。そもそも、そんなことは不可能だろう。また、主観、感情、メタ認知が互いに独立して存在していることを示唆したいのでもない。私は、この三つは非常に複雑に絡み合っていると考えている。私の目的はもっと謙虚なものだ。この三つのカテゴリーに焦点を絞り、それらと夢の関係を明らかにすることで、動物の意識に対して、より豊かな理解が得られると示すこと——それが私の目的である。

　本章での私の主張を一言にまとめれば、夢を見る動物はすべて主観的意識をもち、多くが感情的意識をもち、ひと握りがメタ認知的意識をもつかもしれない、ということになる。[17] 先に断ったように、実証的な記録には限界があり、また対象となる問題が複雑なことから、ある一定以上に具体的に語るのは難しいのだが、それでも、動物から得られる情報を公平に取り入れていないような意識の諸理論に疑問を

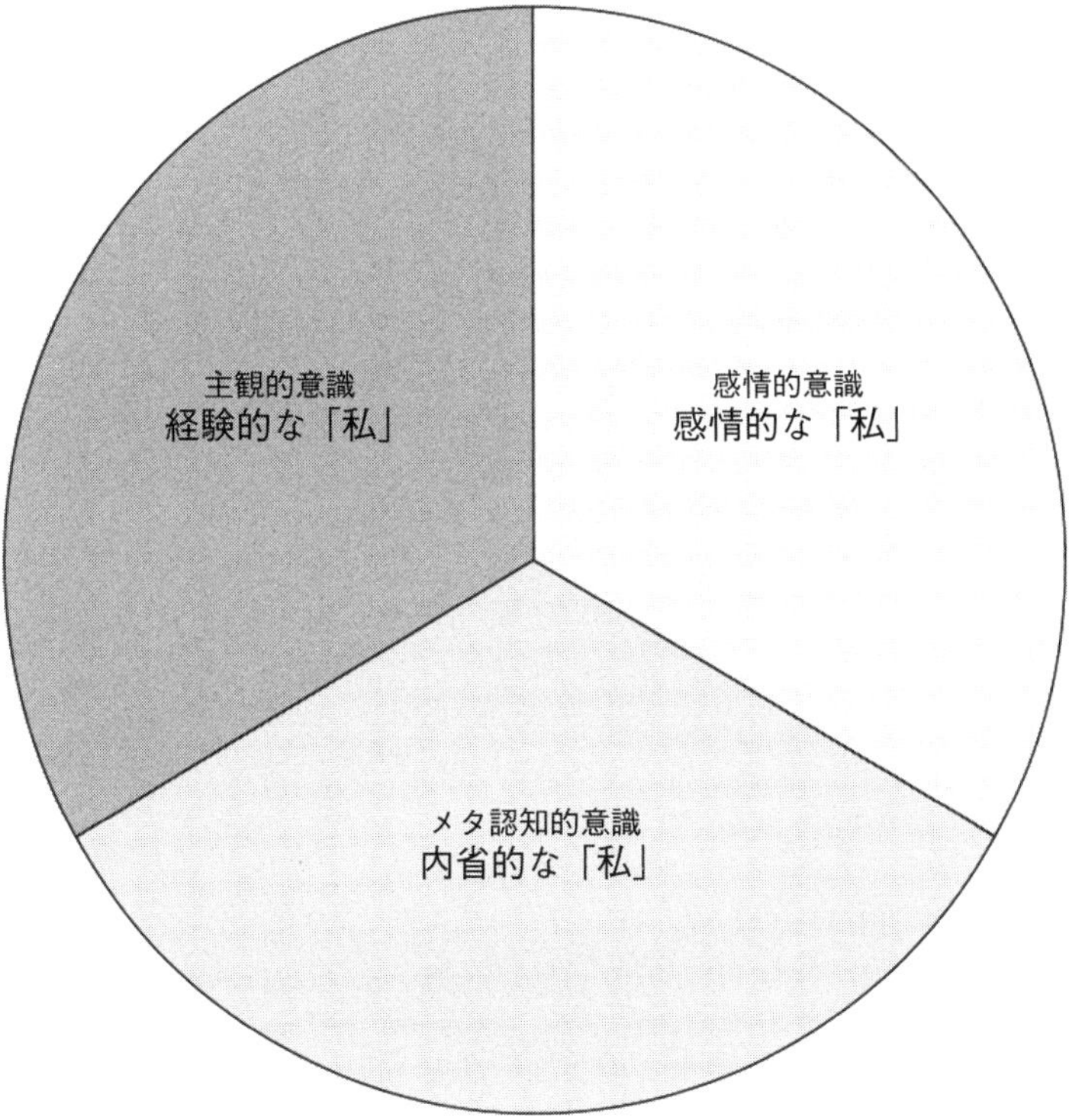

図 6　意識の SAM モデル

投げかけるには、十分なものとなるはずである。

主観的意識——夢の自我

現象学者ダン・ザハヴィは『自己と他者において——主観性、共感、恥の探求』のなかで、「自己意識」という言葉は普通、難しい問題を言語と合理性を用いて（ロダンの「考える人」のように）じっと考えている人を想起させるが、「言語の習得や、本格的な合理的判断と命題態度を生み出す能力に先立つ」もっと単純な自己意識の形態があると論じた。[18] ザハヴィは、エドムント・フッサール、ジャン＝ポール・サルトル、モーリス・メルロ＝ポンティといったドイツやフランスの哲学者たちの著作に基づいて、この意識の初期形態のことを「自分自身の経験世界の第一人称的な現れ」と表現している。[19] つまり私たちは、認知機能を発達させて合理的な内省を行えるようになるずっと前に、生きられた経験の枠組みに組み込まれ、生きられた経験そのものとなった、基礎的な自己意識を発達させているというわけだ。

この意識の初期形態のことを私は「主観的意識」と呼んでいるのだが、これには次の二つの感覚が伴われると考えている。

1　主観的存在の感覚——自分の世界の中心に、長期間にわたって存在していると感じること。

2　身体的自己認識の感覚——自分の身体について暗黙のうちに理解していると感じること。生命倫理学者デイヴィッド・デグラツィアの言葉を借りれば、「自分自身の身体と自分以外の環境に重要な違いがあると気づく」ことである。[20]

この二つの感覚を有している生き物は、意識を主観的にもち、また、少なくとも最低限の自己の感覚をもっている。[21] これ以降では、私たちが夢のなかで常に「主観的存在の感覚」と「身体的自己認識の感覚」をもっていると示すことで、主観的意識の説明と夢とを結びつけたいと思う。

主観的存在——夢世界の顕現

ジェニファー・ウィントは、「夢の没入型時空幻覚モデル」という文章において、すべての夢には「現象学的核」があり、その核とは、組織された時空をもつ現実に没入するという「夢の自我の経験」であると述べた。[22] ウィントによると、どれほど不安定で、非論理的で、奇妙であったとしても、あらゆる夢は夢の自我——夢世界の「そこ」にあり、夢を見ている者が自分だと思っているもの——を中心に組織されているという。夢を「生きられた現実」として経験し、夢の浮き沈みに耐え、夢のパノラマ的視点をもっているのは、この自我だ。[23] また、夢の始まりから終わりまで存続しているのも、この自我である。

夢を見ている睡眠経験と夢を見ていない睡眠経験を分ける決定的な要素は、夢において空間的、時間的に存在しているという感覚だ。ごく基本的なところを述べるならば、それは、内的、時空的な第一人称視点を中心にして構成され、時空における自己位置の感覚、すなわち自分が何らかの空間を占めているという感覚（それは点であってもかまわない）と、経験された「今」とそれが継続していく経験を伴う幻覚様の場面のことである。[24]

ウィントのキーワードは「存在」である。この「存在」しているという主観的な感覚がなければ、夢は成立しない。なぜなら、夢とはそもそも、主観という軸のまわりを回転する自我中心的な経験だからだ。この軸があるからこそ、夢を見ているときに、自分は「そこ」にいて、夢のなかでの出来事が自分の前で起きていると感じられるのである。ウィントは、夢を見る生き物はすべて、彼女が「最低限の現象的自己」と呼ぶもの、言い換えれば、ある時空を占めることや一定期間そこに存続していることのみに基づく基礎的な主観を必ずもっていると結論づけている。[25] 原理上は、この「最低限の現象的自己」をもった生き物だけが夢を見るというのだ。

エヴァン・トンプソンは、神経学者ジェイムズ・オースティンが覚醒時の意識の構造を説明するのに用いた「アイ・ミー・マイン（I-Me-Mine）」という概念を援用し、夢と主観のつながりを少し違った角度から説明した。トンプソンはこう述べている。

通常の覚醒時の意識は、オースティンが『禅と脳』において「アイ・ミー・マイン」と名づけたものによって調整されている。ここで「アイ」とは、考え、感じ、行動する者としての自己であり、「ミー」は、影響や行動の結果を受ける者としての自己である。そして「マイン」は、所有する者、つまり、思考、感情、身体的特徴、性格特性、物質的所有物を占有する者としての自己だ。この三つ組は、互いに緊密に結びつき、強化しあいながら、エゴとしての自己の感覚、別の言葉で言えば、自分は他の存在とははっきりと区別された自己として世界に対峙しているという深く染みついた印象を構成する。[26]

「アイ・ミー・マイン」は（夢を見ない睡眠やある種の昏睡状態では消失することを考えると）人間経験の普遍的な規範ではないが、覚醒時経験が夢のなかで体系的に再現されることに関する普遍的規範とは言えるだろう。トンプソンは次のように指摘している。「人はしばしば夢世界に立ち入るための夢における身体をもつため、夢は普通、この「アイ・ミー・マイン」構造を再現する。たとえ身体をもたず、夢を観察する視点として自分を経験している場合でも、人は、夢の光景との関係によって位置づけられた主体として自分を経験する」[27]。そしてこう続ける。「夢を見ているとき、私たちは夢のなかにいるという経験をする。より正確には、夢の世界のなかにいるという経験をする。自己として世界のなかにいるという経験は、起きているときの状態を示すものだが、それが夢のなかで再び現れるのである」[28]

身体的自己認識――具現化された夢見の理論

ここまで見てきたウィントとトンプソンの分析は、あらゆる夢の経験に付随する主観的存在の感覚を浮き彫りにするものだ。しかし、私が先に定義したとおり、「主観的意識」には、それ以外にも身体的自己認識の感覚が必要になる。私たちの肉体は眠っているときは一般に動かなくなるものだが（これについては第1章で見た）、それでも自分が夢のなかで「身体化」される感覚はあるのだろうか？　幾人かの著名な夢の研究者たちによると、その答えはイエスである。なぜなら、夢における自我――あらゆる夢の場面がそれを中心に展開する主観点――は、常に「現象的に身体化」されているからだ[29]。夢における私たちの自我は、夢のなかで絶えず特定の時空を占めると同時に、特定の大きさと形状をした身体をもつのである。

フランスの実存主義者ジャン＝ポール・サルトルは、このことをすでに一九四〇年代に理解していた。彼は、自著『イマジネール――想像力の現象学的心理学』のなかでこう説明している。「夢に登場する人物は、常にどこかにいる。……そしてこの『どこか』は、世界全体との関係のなかにそれ自体が位置づけられ、その世界は目に見えないが登場人物のごく周辺にある」[30]。ここで「ごく周辺」という表現は重要だ。なぜなら、サルトルにとって夢の世界とは私たちの夢の経験の周縁であり、夢の身体はその中心にあるものだからだ。サルトルは、夢を見ている者を「身体図式」をもつ者として語っている。夢のなかの身体図式は、目覚めているときの自我による身体図式とは異なるが、それより劣っているわけでは必ずしもない。また、この身体図式によって、夢の自我ができることが決まり、自我による自己と他者、「私《アイ》」と「私ではないもの《ノット・アイ》」の識別が前概念的レベルにおいて可能になる[31]。

サルトルの理解から六〇年後、認知神経科学者、夢の理論家であるアンティ・レヴォンスオも同様の主張を展開することになる。レヴォンスオによると、あらゆる夢の自我は一意の物理的位置と確固とした身体イメージをもっており、しかもこの二つは複雑に結びついているという。夢の自我が身体イメージをもつのは、その自我が「夢の世界において身体という存在をもち、身体として位置を占める」からだ。言い換えれば、身体という存在をもつ経験と、特定の場所を占める経験さえあれば、身体イメージをもつのに十分なのである。「この点で、夢の自己は覚醒時の自己と何ら変わることはない」とレヴォンスオは述べている[32]。こうした考え方は夢の専門家であるデレク・ブレレトンの著作にも見られ、「身体イメージとしての自己は、現象学的な意味で、最初から夢に備わっている」と説明されている。夢の自我をもたない夢はなく、夢の身体をもたない夢の自我はなく、夢の身体イメージをもたない夢の身体はない。それゆえブレトンは、この身体イメージを、私たちの夢の「第一の形態《ゲシュタルト》」と呼ぶようになった。[33]

夢の自我が身体化されていることは、夢の光景が、抽象的で身体化されていない自我が暮らす均質な感覚空間なのではなく、主体に向けて世界を開示する主観的な「道」と「開かれた空間」の場であることを示唆している。そうした道や開かれた空間は、知覚の場を緊迫した空気で満たし、私たちがあるプロジェクトを他のプロジェクトよりも追求するように、ある可能性を他の可能性よりも実現するように促す。サルトルは、身体性認知の専門家たち――モーリス・メルロ＝ポンティ、フランシスコ・ヴァレラ、エレノア・ロッシュ、アルヴァ・ノエ、ダン・ハザヴィなど――が覚醒時の世界に対して述べたのと同じ意見を、夢の世界に対して主張したが、それは今見たような考えがあったからだ。つまりサルトルは、夢の世界とは、私たちの身体や関心や目的と関係のない、どこまでも続くニュートン的な三次元の広がりではないと主張したのだ。夢の世界は「ホドロジー空間」（「ホド（ス）」とはギリシャ語で「道」を意味する）であり、[34]私たちの活動電位と同一の広がりをもっているのだ。

活動電位は、私たちの身体、より正確に言えば夢の身体から独立して存在するものではない。それらの電位は、身体の構造、位置、向きの関数であり、身体との関係においてのみ意味をもつ。その身体は、環境（つまり夢の景観）との動的な相互作用において、何を可能性や限界とみなすのか、何を突破口や障壁とみなすのかを決定する。そして、こうした可能性と限界の総和によって、夢の世界にパラメータが付与され、私たちの夢を主観的な現実――退屈した観客が無関心に見つめる内なる活動写真ではなく、全身全霊をかけて生きる現実――へと変容させるのである。

図7　哲学者のジャン＝ポール・サルトルと神経科学者のアンティ・レヴォンスオは、どれほど支離滅裂に見えたとしても、あらゆる夢は明確な主観的論理に従っていると考えていた。夢の世界の中心には身体化された夢の自我があるからだ。

夢の主観的な足場

したがって、夢は主観的に構成されている。夢は、主観的存在の感覚と身体的自己認識の感覚を備えた自我の存在を必要とするのである。専門家はときに、私たちが夢のなかで身体的な行為主体性をどれほど発揮するか、夢の自我をどれほど自分と重ね合わせるかといった問題について議論を戦わせるが、そういったときでさえ、夢から主体的構造化の要素をすべて排除してしまえば、それは夢ではなくなってしまうという認識は共有している。たとえば、幼い子供が見る夢や、入眠時に経験する夢に似た心象など、一見自我がないように見える夢であっても、そこには主観の錨《アンカー》が存在する。[35] それがなければ私たちは夢を夢として認識できない。主観性は、夢を見ることを可能にする第一の条件なのだ。サルトルは、私たちが夢のなかで夢の自我の死を目撃できないのは、このことが理由だと述べた——夢の自我の死は、夢の世界自体をすぐさま崩壊させ、回復すらさせないというのだ。哲学者のマルティン・ハイデガーは「死は常に私たちを避ける」と言ったが、サルトルであれば、その言葉に「たとえ夢のなかであっても」と付け加えることだろう。

このように夢と主体性が存在論的に結びついているのならば、自我のない夢は存在しえない。それ以前に、そのような夢がどう見えるのか、どう感じられるのかを想像することすら難しいのだ。自我のない夢では、誰が夢を見ているのか？　どの視点から夢が経験されているのか？　その夢が自分のものだと誰が主張できるというのか？　夢があるところには、それを実現、維持、経験する自我がなければならず、また、夢の存在の究極の基盤である自我が必ずあるはずだ。したがって、現象学的に考えて、自我のない夢は不可能だと言える。自我のない夢は、形状をもたない彫刻や目に見えない絵画くらいありえなく、光のない太陽や流れのない川のように矛盾したものなのだ。

本書にとって重要なのは、この自我が人間だけのものである必要がない点だ。夢を見る生き物であれば、そこには例外なく主観的な意識があり、ひいては、主観的存在の感覚と身体的自己認識の感覚をもっている。生き物が夢を見るには、経験世界を「照らし出す」ような主体でなければならず、ピーター・ゴドフリー＝スミスが言うところの「内部がすべて真っ暗な生化学機械」であってはならないのである。[36]

感情的意識──夢世界における感情の地平

近代的な夢の科学の起源──フロイトに歯向かう

夢研究の黄金期だった一九五〇〜七〇年代、研究者たちは、夢は橋《きょう》（脳幹にあって延髄と中脳をつなぐ器官）がランダムに活性化することで生み出されると考えていた。この「橋活性化仮説」は一世を風靡《ふうび》したが、その中心にあったのは、夢は橋におけるニューロンの発火によって生じる生理的なホワイトノイズにすぎないという考え方だった。[37] つまり、夢は血液が体内を循環するときの音と同じようなものとみなされていたのだ。ニューロンの発火でも、血液の循環の場合でも、その現象の器質的な原因を突き止めることは不可能ではない。だが困ったことに、それがもつ「意味」を読み解こうとした途端に、私たちは泥沼にはまりこんでしまうことになる。この考えに従えば、血液が流れる音と同じように、夢もまた根本的には無意味であり、解釈不能なものだからだ。

面白いことに、橋活性化仮説が一九五〇年代に流行しはじめたのは、それがもつ実証的な信憑性のおかげというよりは、その仮説がジークムント・フロイトの精神分析理論に対する攻撃材料になった点が大きかった。新世代の科学者たちは、欧米でおよそ半世紀にわたって成功を収めてきたフロイトの理論を疑似科学の戯言《たわごと》として退けようとしていたのだ。二〇世紀初頭、フロイトは自ら「精神分析」と呼んだ優れた哲学体系を築き上げ、人間科学に革命をもたらした。この哲学体系は、「無意識」という新しい強力な概念を通じて、神経症や精神病、欲動や動物のような衝動、絶え間ない誤りや行き詰まりや不作為など、人間の精神がもつ醜悪さを余すところなく白日の下にさらすものだった。フロイトは、人間の魂のもっとも深いところをさぐり、そこに隠された大切な秘密を明らかにするには、精神による多くの「検閲」を迂回するための実際的な技術が必要なことを理解していた。そして、夢の解釈はそうした技術の一つであり、それを使えば、私たちの夢の本当の意味、「潜在的な」意味を歪める検閲をすり抜けられると考えた。フロイトは、患者の夢を厳密な解釈の対象にすることで、彼らの苦悩に名前をつけ、苦しみを軽減し、最終的には彼らが正常な生活に戻れるよう望んでいた。[38]

　橋活性化仮説に準ずる理論は、一九世紀後半にはすでにいくつか存在していた。フロイトもそうした説をよく知っていたが、そのすべてを否定したという。医者としての修行時代に「一〇〇〇を超える夢」を解釈していたフロイトは、夜ごとに私たちに訪れる光景が、血液の循環や空腹時の腹鳴《ふくめい》のような器質に由来する事象だという考えをどうしても受け入れる気にならなかったのだ。純粋に器質的だと考えるには、夢の光景はあまりに力をもっている。その光景は、私たちを心理的に築き上げ、また引き裂くことができるのだ。フロイトは、だとすれば夢にはとても大きな感情的、心理的な意味があるはずだと考えた。そうでなければ、私たちの自己の感覚と夢の間にある明らかなつながりをどう説明するのか？私たちが夢で見るものが、私たちが自分自身だと考えているものと結びついているという、周知の事実をどうやって説明するというのか？　フロイトは、一部の研究者が主張していたような、夢が意味のない器質的な事象であるという理論を退けた。夢はそれとは正反対のもの、つまり、自分の心理的、感情的状態の反映であり、もっとも私的な恐怖症、もっとも不安なトラウマ、もっとも隠したい欲望の残響に違いない。夢こそが、心のもっとも深いところにある部屋を覗く窓であり、それは常に解釈を必要としている。一八九九年に刊行した『夢判断』で述べたように、夢は「無意識への王道」でなければならないのだ。

フロイトが古代の夢解釈の技法を臨床現場に復活させたことは、一つの興味深い波及効果をもたらした。一八九九年以降、一般的なイメージでは、夢の研究に関するものは何であれ、すべてフロイトの精神分析に結びつけられるようになったのである。「夢」という単語を口にするだけで、精神病者の夢に隠された意味を追求している精神分析家の姿が思い浮かぶようになったというわけだ。

しかし不運なことに、二〇世紀前半は、心理学にとって価値観が変わっていく時代でもあった。心理学者が、物理科学の実験の要領を自分の分野に取り入れようとしたのだ。事実、心理学コミュニティの価値観は一九五〇年代には劇的に変化し、大半の心理学者は、好奇心ではなく猜疑心をもって精神分析に接するようになった。そしてその結果、夢の解釈を含め、精神分析に関連するものはすべて、形而上学的な思索、希望的観測、怪しげな臨床業務を混ぜ合わせた、見下げはてた代物として切り捨てられることになった。ジェイコブ・コンが述べているように、フロイトが亡くなった一九三九年までに「フロイト革命がすべての目標を達成した」ように思われたのであれば、一九五〇年代には、その革命は急速に力を失ってしまったかのように見えた。[39]

一九五〇年代に見られた橋活性化仮説の登場——あるいは再登場——を理解するには、いま見たような広範な文化的、歴史的背景を踏まえておく必要があるだろう。複数の歴史家が指摘するところによると、この仮説は、一九世紀、二〇世紀において実証的な裏づけがなかったわけではないが、一九五〇年代に注目を集めたのは主にイデオロギーが理由だったという。夢に関心をもつ実証主義的な心理学者にとって、夢を心理学的意味をもたない生理学的な事象へと還元する橋活性化仮説は、まさに一石二鳥だと言えた。つまり彼らは、夢は科学研究の対象として申し分ないと主張することによって、自身の科学的立場を守りつつ、すでに影響力を失っていた精神分析から距離を置くことができたわけだ。その結果、一九五〇、六〇、七〇年代に、夢の「意味」についてあえて言及しようという者は、手相で未来がわかると言い張るイカサマ占い師と同レベルのペテン師として扱われることになった。占いと同様、夢の解釈もまた、科学的事実の仮面をかぶった非科学的な出まかせとされたのである。

フロイトの帰還

夢を意味のない生理学的事象へと還元することで精神分析の権威を失墜させようという試みは、一九七〇年代に夢の科学が予想外の展開を見せたという厄介な事実さえなければ、きっと成功していたことだろう。夢の理論家は、夢は橋の無秩序な活性化の結果なのだから解釈不可能であると長年にわたり請け合ってきたが、やがて科学者は、夢の形成には皮質領域、とりわけ前頂葉と前頭葉の活性化も大きな影響を与えていることを突き止めた。これにより、フロイトが否定し、その死後は彼の精神分析を攻撃する武器として使われた橋活性化仮説は、夢の説明としては明らかに不適切な——少なくとも不完全な——ものとなった。完全に説明しようと思えば、皮質領域の関与を付け加える必要があったからだ。

夢研究のコミュニティを震撼させた発見は二つある。一つは、哺乳類の大脳皮質にある前頂葉——動物が物理的空間を思い浮かべたり、移動したりする際に働く部位——が損傷を受けると、夢の形成が阻害されるという発見だ。ここから導かれるのは、夢は物理的空間の高解像度の引き写しと関係があることで、そうであれば、夢を見ている者にとって、それが無意味なホワイトノイズであるはずがない。もう一つの発見は、前頭葉（特に前頭前野腹内側部（vmPFC））と大脳辺縁系（特に扁桃体）を含む複雑な神経ネットワークである、脳のいわゆる「イド系（id system）」もまた、夢の形成過程に動員されているということだ。[40]この神経ネットワークは、感情の調整、意思決定、自己統制に不可欠なものである。そのため、夢には感情的な色彩が生じざるをえず、それによって個人の生活にまつわる意味を必ず帯びることになる。

これらの発見は橋活性化仮説の信用を急速に失わせ、一部の専門家が「フロイト・ルネッサンス」と呼ぶ一九八〇年代のフロイト再評価につながることにもなった。具体的には、vmPFCと大脳辺縁系に関する研究によって、夢が感情的な重みをもつとするフロイトの理論、とりわけ、『夢判断』で展開した、夢は過去の感情経験によって調節されているという主張が、再び科学の主流へと舞い戻ることになった。八〇年代の夢の科学は、フロイトが言うところの「抑圧されたものの回帰」を経験したと言えるかもしれない（ただし、この場合に抑圧されていたのはフロイト主義それ自身だったのだが）。マーク・ソームズが単刀直入に述べたように、「神経科学はフロイトに謝罪すべきことが明らかになった」のである。[41]

今日では、夢がたんなる器質的、生理的な事象だとする説を支持する研究者はごく少数に限られ、夢は感情と密接に結びついているというのが大勢の見方になっている。デレク・ブレレトンの説明によると、夢はほとんどの場合、「感情面が際立った社会的空間」に没入した夢の自我を伴っているという。[42]これは誰しもが経験していることだろう。私たちは夢のなかで、過去に見たことのある場所、知っている人、好きなもの、嫌いなものなどと出会う。夢の世界は奇妙で予測不可能かもしれないが、感情的に中立な状態からは程遠い。その世界は四方が感情の地平に接していて、行為を起こす場としてだけではなく、感情を育み、陶冶し、管理する場として、私たちの前に現れる。このように夢は、感情、気分、情動をその構成要素としており、だからこそ夢を見るものは、たんなる目撃者ではありえない。私たちは感情を具現化すると同時に、そこから快や不快を受け取る。夢を見る私たちは感情を生きている。科学ジャーナリストのアンドレア・ロックは『脳は眠らない』のなかで、夢と大脳辺縁系の関係からは、夢という「王道」がつながっているのは感情であって、フロイトが言うような無意識ではないことがわかる、と指摘している。夢は、見ている者の意思に逆らってまで、私たちを動かし、駆り立て、ときに苦しませさえするものを表現するのだ。

睡眠中の脳の働きを調べた脳画像研究のおかげで、夢を見ているときの意識においては、大脳辺縁系――感情を管理し、情動的記憶を蓄える司令塔――が、夢のショーを演出していることも明らかになりつつある。……感情の中枢が運転席に座っているということは、「夢のなかで」処理のために特によく選ばれる記憶とは、不安、喪失感、自尊心の崩壊、身体的あるいは心理的トラウマといった、感情を伴う記憶だということだ。[43]

夢理論の研究家ファリバ・ボグザランとダニエル・デロリエは、『インテグラル・ドリーミング――夢への全体論的アプローチ』のなかで、この考えを二つの秀逸な比喩を用いて展開している。二人は、夢を見る能力は「感情変化の分類器《ソーター》」だと述べ、私たちは夢を見ることで、大脳辺縁系のプロセスを介して過去の経験を肯定的あるいは否定的なものとして刻印していると説明した。[44] こうすることで、記憶はその感情通貨を貯めておくことができるのだ。また、もう一つの比喩によると、夢は「感情の代謝」でもあるという。ある経験に「嬉しかった」とか「腹立たしかった」といった刻印がなされると、それらの経験は、夢のなかで現在の自己感覚に統合されていく。つまり、夢を見るという行為を通じて、私たちは自己とはこうしたものだ――私はこんなことを恐れ、こんなことを心配し、こんなことを望んでいる人間だ――という感覚を作り上げていく。[45]

動物感情の王道

人間の夢が人間の感情への王道だとすれば、動物の夢もまた動物の感情への王道と言えるのだろうか？　神経科学者アントニオ・ダマシオは『無意識の脳 自己意識の脳』のなかで、この疑問に肯定的に答え、動物もまた、睡眠中――おそらく夢を見ている間――に激しい感情を経験すると説明した。ダマシオは次のように述べている。「深い眠りは感情の表出を伴わない。だが、夢を見ているときの眠りでは、意識が奇妙なかたちで戻ってきており、人間でも動物でも感情の表出は容易に観察できる」[46]

こうした見解は、現代の動物の睡眠研究でも支持されている。その一例として、二〇一五年に実施されたラットの睡眠に関する実験について考えてみよう。ユニバーシティ・カレッジ・ロンドンの神経科学者フレイヤ・オラフスドッティルが率いる学際的な研究チームによる実験だ。この実験でオラフスドッティルらは、第1章で見たルイとウィルソンと同様に、ラットに空間課題を与えて、覚醒時と睡眠時に引き起こされる海馬の活性化パターンを比較した。研究チームはまた、感情面での動機づけという変数を調整したが、これはルイとウィルソンの実験には見られなかった要素だ。空間課題の解決に感情的にのめり込んだラットは、その課題を「リプレイ」する可能性が高くなるのか？　欲望は、ラットの夢の生成の原動力なのか？　この種の疑問は、実証的な手順では解決できないように思えるかもしれない。だが、オラフスドッティルらの研究チームは、ラットの欲望を中心に据えた、巧みな二段階の実験を考え出すことに成功した。

具体的に見ていこう。第一の段階では、T字型のトラックを用意し、そこにラットを放して環境に慣らした。T字の二本のアーム部には透明の仕切りが設けられているため、ラットはトラックを移動して二本のアーム部が枝分かれする場所まで行くことはできるが、その先に進んで、探索をすることはできない。オラフスドッティルらは、この実験に動機を導入するために、一方のアーム部に報酬（米粒）を置き、もう一方のアーム部はそのままにしておいた。この介入はラットの注意を引いた。ラットは、トラックのT字の分岐点まで移動して、すぐそばにある米粒の山をじっと眺めたのである。やがてラットは環境に慣れたところでトラックから取り出され、昼寝を促された。研究チームはそこで、睡眠中のラットの海馬で何が起きているかを記録した。そして、海馬のさまざまな細胞がどのような順序で発火するかを観察して、ラットが経験していることの「神経地図」を手に入れた。ラットは何を経験していたのだろうか？　その神経地図は何を示していたのだろうか？　研究チームが予想していたのは、トラックのアーム部を物理的に探索し、欲望の対象をその小さな前足で拾い上げるという行為を、ラットが心のなかで予行演習、別の言葉で言えば、「事前プレイ」しているのではないか、ということだった。

予想が正しいかどうかを調べるために、オラフスドッティルらは実験の第二段階を実施することにした。この段階では、昼寝から覚めたラットが再びT字型トラックに入れられるが、ただし今回は、アーム部への侵入を阻んでいた透明の仕切りは取り外され、米粒の山も取り除かれていた。トラックに戻ったラットは、すぐにT字の分岐点まで走ると、以前米粒が置かれていた方向に顔を向けた。この行動は、ラットがどちらのアーム部に報酬が置かれていたかを覚えていて、そこに米粒が見つかると予期していたことを示唆するものだ。何もないと認識したあとも、ラットは、以前米粒が置かれていたアーム部の方を、何も置かれていなかった方よりもずっと長い時間をかけて探索した。

研究チームは、米粒が置かれていた方のアーム部を行ったり来たりしているときのラットの海馬を測定し、スパイク波がどう出現するかを記録した。その結果わかったのは、アーム部という特定の場所を物理的に探索することに関連する脳波のパターンが、昼寝をしているときの脳波のパターンとまったく同じだということだった。報酬が置かれたアーム部を見てから眠ったときと、昼寝後に実際にそのアーム部を探索したときでは、海馬の同じ細胞が、同じ順序で発火したのである。[47] このことは、ただ二つの場面——報酬を見たあとの昼寝と、報酬がすでに取り除かれた場所の探索——においてだけ、海馬が同じ活動を示すことを疑う余地なく意味していた。言い換えれば、ラットは感情的な興味を刺激された物理的環境を覚えていて、自分の欲望が満たされるはずの「未来の経験」を能動的に想像していたというわけだ。この想像の行為は、ラットが熟睡しているときに起きた。[48]

公平を期すために述べておけば、実験で想定された「事前プレイ」と、夢を見ることとの間につながりはないと考えることも可能である。なぜなら、「事前プレイ」は、夢が現れにくいに徐波睡眠中に行われているからだ。とはいえ、もしその二つにつながりがあり、それを示す兆候があるのならば[49]、この発見について言えることはたくさんある。まず第一に、この発見によって、ジョージ・ロマーニズが一八〇〇年代後半に唱えた「動物が夢を見るのなら、それは想像する能力をもっていることの証拠である」という主張の正当性が証明されるかもしれない。ラットは、昼寝をしている間に、それまで訪れたことのない空間を横切る様子を思い浮かべる必要があった。そのためには、古い記憶を呼び出してリプレイするだけでは足りず、古い経験の断片を利用して、新しい主観的経験を生み出さなくてはならない。想像力はこのとき、認知プロセスの手綱を握り、古いイメージを新しいイメージへと結びつける必要がある。フランスの啓蒙主義哲学者ヴォルテールであれば、そうして「限りない多様性」が生まれるのだと言ったことだろう[50]。オラフスドッティルらは、眠っているラットの心的操作を「リプレイ」ではなく「事前プレイ」と表現したが、それは彼女たちが、ラットが現実世界で一度も遭遇したことのないシナリオを思い描いていたと理解したからだと思われる。ラットは思い出していたのではない。投影していた。ラットは、「心のなかで自身を未来に投影して、そのとき起こりうる出来事を事前に生きる」能力を使って[51]、認知科学者が言うところの「心的時間旅行」を行っていたのだ。

オラフスドッティルらの発見は感情とも関係がある。なぜなら、心的時間旅行は、感情がまったくない場所で展開されたものではないからだ。それどころか、時間旅行は明らかに過去の感情経験によって突き動かされている。そもそもラットに米粒の夢を見させたのは、トラックのアーム部における感情的バイアス（あるいは「キューイング」）であり、このことは、夢と感情は組み合わさって二重らせん構造を作り、それをほどこうとすればらせん構造は崩壊してしまうという現代の見解に呼応している。第1章で見たのは、すでに得た感情経験をラットが日常的に夢に見るということだったが、この実験によって、それ以外にも、将来得たいと思っている感情経験の夢も見ることが明らかになった。ラットは、自分の小さな心が欲するものの夢を見るのである。

では、夢はラットにとっても、フロイトが言うところの「願望充足」なのだろうか？　この考えを言下に否定する研究者もいるかもしれない。しかし、先に見た発見を考慮に入れれば、『夢判断』の第3章でのフロイトの指摘が驚くほど現代的な響きをもっていることは否定できないはずだ。

> 動物がどんな夢を見るのか、私は知らない。だが、教え子の一人が教えてくれた諺《ことわざ》にその答えが述べられている。それは、「ガチョウは何の夢を見るのか？——トウモロコシの夢だ」というものだ。この短い文に、夢は願望の充足だという理論のすべてが詰まっている。[52]

この文章の脚注にも同様のことが言える。

> フェレンツィ［・シャーンドル］が引用したハンガリーの諺にはもっとはっきりと、「ブタはドングリの夢を見て、ガチョウはトウモロコシの夢を見る」とある。また、ユダヤの諺にはこうある。「めんどりは何の夢を見る？——キビの夢[53]」

ここに私が作った諺も加えておこう。「では、ラットは何の夢を見る？　もちろん、米粒の夢だ――少なくとも実験室内では」

動物の悪夢、眠りの恐怖

残念ながら、動物の夢のすべてが幸福と希望にあふれているわけではない。暗く辛い夢もときにはあるのだ。初期キリスト教の擁護者だったテルトゥリアヌスは睡眠を「死の写し鏡」と呼んだが、動物の悪夢も、その心痛む一例に数えられるだろう。とはいえ、動物の内面生活の感情の強さを知りたいと思えば、他のどの夢よりも、悪夢が役に立つかもしれない。私たちは、動物の悪夢を覗くことによって、驚くほどの明瞭さをもって動物の感情を観察できるのである。

二〇一五年、中国の科学者グループが、ある研究成果を「ネイチャー」に発表した。その内容は、心身のトラウマになるような出来事に長時間さらされたラットは不安な悪夢を体験するようになる、というものだった。神経薬理学と行動神経科学の専門家である北京大学のビン・ユが率いるその研究チームは、次のような実験を行った。まず、ラットの集団をケージのなかに入れ、透明な仕切りでそれを二つのグループに分けた。第一のグループは、足に電気ショックを与えるという肉体的な拷問を受けた。足はラットの身体のなかでも特に敏感な部位である。第二のグループも拷問を受けたが、それは、第一グループが透明な仕切りの向こうで電気ショックを与えられるのを強制的に見させられるという心理的なものだった。第一グループの電気ショックは、一〇分ごとに強度を増していった。仕切りの向こうの第二グループは、仲間が飛び上がり、もがき、叫び声を上げ、ついには痛みのあまりに失禁してしまう姿を、なす術もなく見つめるほかなかった。この肉体的、心理的な暴力の陰惨な組み合わせは、ラットが「モデル化」する（刺激に慣れる）まで続けられ、それが終わるとようやく拷問部屋から出ることができた。[54]

ところが、それ自体が悪夢のような実験はまだ終わらなかった。拷問から二一日後、ラットを再び同じケージに入れ、自分たちがトラウマを植えつけられた場所を覚えているかを観察したのである。ラットたちはケージに入るやいなや、研究チームが「完全すくみ行動」と表現した反応を示した。動きも、歩きも、走りもしない。叫びも、噛みも、死んだふりもしない。ケージの角でうずくまりも、逃げ出そうともしない。ラットたちは固まってしまった。「呼吸を除いた」ラットのすべてが彫像のようになってしまったのだ。[55]

そして、ラットたちは悪夢にうなされるようになった。

ラットは眠りに落ちると恐ろしい夢を見て、パニックになって定期的に目を覚ましたが、研究チームは、その行動を「驚愕覚醒（startled awakening）」と名づけた。そして、その驚愕覚醒にいたる瞬間の脳の活動を脳波で解析したところ、ラットがトラウマの記憶によって引き起こされる悪夢を経験していることがわかった。睡眠周期のどこかの時点で、さほど遠くない過去の記憶が呼び起こされ、それが夢というかたちで追体験されているようなのだ。その記憶が辛いものだったので、扁桃体が活性化され、鋭い恐怖の感情が引き起こされた。実際、その記憶は感情的にあまりに有害であり、そのせいで、扁桃体を正常な範囲内に保つはずの神経回路、とりわけ下辺縁皮質と腹側前帯状皮質が混乱し、扁桃体は「脱抑制」あるいは「機能亢進」の状態になっていた。このような脱抑制の結果、ラットはただ恐怖を感じるだけではなく、その蓄積を経験することになった——恐怖はじりじりと増大していき、収まる気配を見せなかったのだ。[56]

普通の状況であれば、ラットは、この積み重なった恐怖に対して「闘争・逃走」システムを作動させて反応したことだろう。だが不運なことに、トラウマはそのシステムをも破壊していた。その結果、ラットは厳戒態勢に陥り、闘争や逃走で環境に反応することができなくなった。オランダの精神科医ベッセル・ヴァン・デア・コークは、『身体はトラウマを記録する』で、一般的に、健康や安全を脅かされたときの選択肢として、生物には三つの反応が与えられていると説明している。第一の反応は「社会的関与」で、他者に助けを求めることだ。これがうまくいかない場合、特に脅威が深刻で差し迫ったものであれば、「闘争・逃走」反応が起きる。ところが、ときには不幸にも、戦うことも逃げることもできない絶望的な状況に追い込まれることもある。そうなってしまえば、生物はもはや「究極の緊急対応機構」を作動させるしかない。すなわち、「停止し、へたり込み、固まって」[57]、生き延びるための最終手段として自らをシャットダウンするのだ。

ビン・ユの実験対象となったラットにもこれと同じことが起きたのだと私は思う。ラットの身体は、ケージに戻されてトラウマを思い出したときに、意思とは無関係に突然停止してしまった。そして、睡眠中に心のリプレイを通じてトラウマを思い出したときには、ラットは研究チームが「緊急事態」と形容した状態に突入した——この状態はあまりに凄惨だったので、そこから逃れるには、ショック状態に陥り、身もだえしながら目を覚ますしか道はなかった。[58]どうにも後味の悪い実験だが、なかでも特に気が滅入るのは、かわいそうなラットは悪夢から目覚めることはできても、トラウマからは決して「目を覚ます」ことができなかったことだ。いったん「モデル化」されてしまうと、ラットの生活の広がりは無に向かって縮んでいく。その瞬間から、ラットはただ一つのことしかできなくなる——覚醒と夢見を交互に繰り返しながら、そのどちらでも自分の身に起こった残虐行為を再体験して、残りの日々を過ごすだけになるのだ。[59]

科学の名の下に動物を痛めつける私たちの集団意志の恐ろしさもさることながら、この悪夢のような実験からは、心的外傷後ストレス障害（PTSD）の行動症状――気持ちを乱す記憶を思い出しつづける、突然のフラッシュバック、トリガーによって引き起こされる精神的苦痛、睡眠障害、睡眠中の驚愕反応、慢性的な悪夢――に似た症状を呈するほどに、トラウマが生物の感情プロファイルを損なうことがわかる。[60] とりわけ悪夢は、動物の感情を傷つけ、認知機能を妨げることがある。悪夢は、耐え難い記憶を繰り返すことでそれを強化するが、動物はその影響で不眠になりやすくなり、ひいては、目覚めているときの集中力の低下や、すくみ行動がもたらされる。[61] カナダの精神科医ローレンス・カーマイヤーが指摘しているように、トラウマと悪夢の関係は双方向的であって、「トラウマは悪夢を呼び起こし、悪夢はトラウマに関する考えを増加させる」のである。[62]

こうした破滅的なループに巻き込まれるのは、なにもげっ歯類ばかりではない。ゾウもまた、その可能性がある。ゾウは記憶力に優れ、豊かな社会生活を営んでいる。そのため、たとえば、密売人が母親ゾウを虐殺して電気ノコギリで象牙を切る場面を目撃するなど、トラウマになりうる強烈な経験をした幼いゾウは、その恐ろしいイメージを長期記憶に蓄えてしまうことがある。そうした幼いゾウは、のちにその記憶を否応なく反芻するようになり、もはやPTSDとしか表現しようのない状態を示すようになる。[63] 過去の忌まわしい記憶が、「日中から［フラッシュバックというかたちで］子ゾウに現れ、夜には悪夢や夜驚症《やきょうしょう》というかたちで頻繁によみがえり、子ゾウに再びトラウマを植えつける」[64]

悪夢は、子ゾウを不快な負のサイクルに閉じ込め、最初のトラウマとなる出来事に縛りつけておくことで、その感情の安定を破壊する。ジェフリー・マッソンは『ゾウがすすり泣くとき』で、この種のトラウマの影響について報告している。

動物行動主義者は、動物の夢のなかで恐怖がよみがえる場合があることを認めそうにない。ところが、ケニヤにある「ゾウの孤児院」からは、アフリカゾウの赤ん坊に関する事例が報告されている。家族が密猟者に殺され、その牙が切り落とされるところを目撃した赤ん坊たちだ。幼いゾウたちは、夜に叫び声を上げて目を覚ますという。根深いトラウマによる悪夢以外に、この夜驚症の原因が考えられるだろうか?[65]

また、動物の感情を専門に研究している生物人類学者バーバラ・キングは、親を失い、ケニヤのナイロビ国立公園内にあるゾウの託児所にやってきた、ンドゥームという名の子ゾウについて、次のように書いている。

ンドゥームは、家族と共にケニヤの野生環境下で暮らしていた赤ちゃんゾウだった。彼の家族は、森から迷い出て農作物が植えられた土地に立ち入ったため、怒った農民たちに槍や弓で攻撃され、多くが殺されてしまった。ンドゥーム自身はなんとか逃げおおせることができた。しかし、そばにいた自分より小さいゾウが切り刻まれるのを目撃し、ナイフによる切り傷とショックに苦しめられることになった。ンドゥームは、ナイロビ郊外にある「デイヴィッド・シェルドリック・ワイルドライフ・トラスト」というゾウの保護区域に移送された。襲われたときに生後三か月だったンドゥームは、保護区域にやってくると、死んだ母親を思って大きな声で鳴くようになった。よく眠ることもできないようだった。保護区域の専門家は、その子ゾウが夢のなかで襲撃のトラウマを追体験していると考えている。その後、ンドゥームはうつ状態になった。[66]

夜になると、ンドゥームは不安でたまらず、飼育員が部屋から出してくれるまであらんかぎりの大きな声で鳴き、それから暗闇のなかで必死に母親をさがし回ったという。[67] 悪夢を見るゾウの事例は、ザンビアにあるサウスルアングア国立公園のリハビリセンターなど、他の保護区域からも報告されている。[68]

同様のことは、人間以外の霊長類にも言える。フランシーヌ・ペニー・パターソンは、一九七〇〜八〇年代にゴリラにアメリカ手話（ＡＳＬ）を教えて有名になったスタンフォード大学の心理学者だが、自分が世話をしていたマイケルという名のゴリラが、幼少期のトラウマが原因で悪夢にうなされるようになったと語っている。マイケルはしばしば真夜中に叫び声を上げながら目を覚まし、その直後にパターソンに「悪い人間、ゴリラ、殺す」と手話で伝えたこともあった。[69] ケニヤやザンビアの子ゾウと同じように、マイケルもまた、幼い頃に自分の母親が殺されるのを目撃していた。そしてそのときに、母親を殺したカメルーン人の動物肉の密売人の手によって、あとで売り飛ばすために捕らえられたのだった。マイケルはまだ三歳にもなっていなかった。大人になってから、「お母さんについて教えて」と尋ねられたとき、マイケルは以下のことを手話で答えた。

ぺちゃんこ、ゴリラの口、歯

泣く

図 8　ナイロビにあるゾウの施設に預けられた孤児の子ゾウたちは、悪夢で目を覚まし、象牙の密売人に殺された母親を求めて夜な夜な歩き回る。こうした子ゾウの多くは深刻なうつ状態を経験する。

はっきりした音、大きな音
悪い
問題と思った
顔見る、切る、首、唇、女の子、穴[70]

パターソンの記憶によると、マイケルは「森のなかで木を切る」男性に恐怖を抱いていたという。[71]
アニマル・スタディーズの研究者であるコンセプシオン・コルテス・ズルエタは、マイケルの一連の手話を人間以外の動物による「トラウマの表明」と捉えた。この解釈は、「幼い頃に母親を失った霊長類は、生理的、行動的、心理的な混乱を抱え、それが一生涯続く」という比較心理学の研究成果に合致するものだ。さまざまな種の母子関係を専門とする哲学者、心理学者のマリア・ボテロは、母親の喪失は幼い霊長類にとって世界を揺るがす重大事になりうると主張する。

母親の不在は、残された子供の生涯を通じて、さまざまな行動的、神経生理学的な影響を及ぼす可能性がある。たとえば一部の種では、母親を失った子供は、成長、繁殖、寿命の面において、他より劣ることがある。また、健康、社会的地位、感情の発達において、不安行動のようなマイナスの影響を受けたり、遊びなどの社会的反応の低下、無気力、ロッキング〔身体を揺らすこと〕、自分の毛をむしるなどの異常行動の増加というかたちで、社会的交流を円滑に行う能力にも影響を受けるケースが見られる。[72]

こうした影響は、マイケルのように「肉やペットを手に入れようとした人間によって親を奪われた」[73]霊長類によく見られ、これも同じくマイケルのように、そのあとに仲間から引き離され、長いあいだ人間に飼育されていた霊長類には、さらに顕著に見られる。[74]

動物にとって夜が恐怖に満ちたものになりうることは、その感情生活について根本的な疑問を抱かせる。日が沈んだあとに恐ろしい幻影に打ちひしがれるのであれば、その動物は、過去のエピソードを長期記憶に蓄えることができ、のちにそれらのエピソードを思い返しては、それに関連する恐怖、攻撃性、パニック、不安、恐慌などの強い感情を経験しているに違いない。[75] これらの感情は、動物が繁栄するのに必要な社会的愛着が存在することとの生きた証拠である。そして何よりも、動物はこうした感情によって、感情の足場づくり——動物の生活に秩序を与え、意味と構造を伴って世界を経験できるようにするもの——に目を向けるようになる。

この節では、科学者によって脳に恐怖を刷り込まれて苦しむラット、母親不在の生活という暗い見通しに直面して、真夜中に叫び声を上げて目を覚ます子ゾウ、肉の密売人に対する原初的な恐怖を大学職員に伝えたように見える、人間の強欲にひどく傷つけられたゴリラの話を見てきた。どれも圧倒される内容であり、もっとも悲惨なかたちの心の傷、どこまでもつきまとい、最後には哀れな獲物を飲み込んでしまうような話だった。しかも、それがすべて夢という文脈で語られていたのだ。

メタ認知的意識——動物は明晰夢を見ることができるか？

私たちは夢を見るとき、目の前で展開する出来事がたとえ物理や論理のもっとも基本的な法則に反していたとしても、それを現実の一片として経験するのが普通だ。夢を見ることで自分の経験について検討する能力が抑制され、夢を見ているという事実に気がつかなくなるからだ。こうしたメタ認知能力の低下は夢の現象学の顕著な特徴であり、それゆえ哲学者たちは、一七世紀以降、夢を何よりもまず認識論の問題——真の知識に到達するために乗り越えなければならない障害——として受け取るようになった。デカルトは一六四一年に発表した『省察』のなかで、目覚めているのか夢のなかにいるのかを知る方法がないとき、はたして確実に何かを知ることができるのか、という疑問を呈した。感覚があらゆる手段を講じて自分を欺き、真と偽、夢と現実の区別をうやむやにしようとしているとき、どうすれば自分の感覚を信じられるというのか？

夢に関するこうした問題は、人間の生活の中心には理性があるという見方に対する刺激的な懐疑につながるもので、たしかに考察に値するだろう。とはいえ、夢を見ているとき、私たちは常にメタ認知能力が低下した状態にあるわけではない。ときには夢の途中でメタ認知の機能が回復し、突如として精神が鮮明になり、自分が夢を見ていると気づくこともあるからだ。デカルトと同時代のドイツの哲学者、ゴットフリート・ヴィルヘルム・ライプニッツは、一六六八年に発表した『カトリック論証』で次のように述べている。「夢を見ている者は、ときどき自分が夢を見ていると気がつくが、その瞬間も夢は続いている。したがって夢を見ている者は、そのとき自分はほんの短い間目覚めていたが、やがて再び眠りに制圧されて前の状態に戻ったのだと考えるはずだ」[76]。夢を見る者が経験するこの状態は「明晰夢」と呼ばれる[77]。この奇妙な夢がもつ現象学的特徴のなかで特に目立つのは、「自分はいま夢を見ているのだというメタ認知的洞察」の存在だ[78]。つまり明晰夢は、メタ認知能力を損なうどころか、心の機敏さ、驚嘆の念、そして自由の感覚までも高めてくれるものなのだ。私たちは明晰夢のなかで、「外的で、客観的で、物質的で、独立しているように間違いなく見えた世界が、実は内的で、主観的で、非物質的で、独立していない心の創造物であることが、驚くほどはっきりと」見えることさえある。[79] 明晰夢について語る夢の専門家が、ほとんど詩のような物言いをしたり、「魔法みたいな」とか「奇跡のような」などと形容することがあまりに多いのも、何ら不思議ではない――というのも、そうした夢は、ある魅惑的な次元にまで私たちを押し上げ、そこで私たちの心は夢を見ながらも、どうにかしてその幻想のヴェールを剥ぎ取るからだ。この超現実的な次元では、私たちは生理的には眠っているが、認知的には目覚めている。

意識のSAMモデルの説明の締めくくりとして、ここからは、メタ認知の一例としてよく取り上げられる明晰夢の経験が人間だけのものなのか、あるいは、動物の心にも見られるものなのかを検討していく。

明晰夢を見る――ルールの例外

明晰夢は、認知科学や心の哲学において「メタ認知」の一例として広く受け入れられている（「メタ」はギリシャ語で「上方から」の意）。この「メタ認知」とは、考えていることについて考える、あるいは、気づいていることに気づいているといった、特異な意識のかたちのことだ。[80] 心理学者のトレイシー・カーンは影響力のある論文で、次のように述べている。

夢を見ている人が、夢のなかで自分が夢を見ていると気づく夢を「明晰夢」と呼ぶ。……夢が明晰性を帯びるには、夢のなかで得た経験を評価する必要があり、そのプロセスには「メタ認知的モニタリング」という名前がつけられている。メタ認知には、自身の思考プロセスのモニタリングと、思考プロセスの意図的な方向づけが含まれるが、それに限定されるものではない。[81]

カーンの解釈によると、明晰夢はメタ認知の仕事である。というのも、明晰夢では、夢を見ている人の志向性（心の焦点）が、心的状態の内容から心的状態全体へと向き直るからだ。言い換えれば、夢を見ている人は、夢のなかに現れるものごとに注意を向けるのをやめ、そのものごとが現れるモード、すなわち、夢そのものに注意を向けるようになるわけだ。

科学者たちは、人間だけが自分の思考について思考し、意識について意識できるという理由で、明晰夢を経験できるのも人間だけだと考えているようだ。人間に比べれば、動物たちはみな拘束された囚人であって、心を「上方から」見ることができず、その「内側」で一生を送ることを余儀なくされているというのである。この科学界のコンセンサスは、動物がメタ認知をもつことを示す証拠が動物の行動や認知の研究で次々に見つかっていることから、現在では次第に崩れつつある。にもかかわらず、そうした研究に従事した者で、動物のメタ認知の本質をさぐるために動物の夢に着目した者は一人もいない。

その理由は簡単だ。明晰夢を見るには「高等な」認知能力、とりわけ、言語、概念性、合理性といったものが必要だと長らく考えられてきた。科学者や哲学者は、それをもっている存在として人間を称揚してきたのだった。だが、下等な動物がそのような高みにどうやってたどり着けるというのか？ 夢の専門家ウルスラ・ヴォスとアラン・ホブソンも次のように説明している。

我々は明晰夢の動物モデルをもっていない。なぜなら、明晰夢で観察されるような内省的洞察に、十分な言語能力（抽象思考を形成したり、それを報告するのに不可欠とされているもの）が必要だと考えるのは十分理にかなっているからだ。そのため、有意な言語能力を欠いた人間未満の哺乳類は、明晰になることも、その非言語的な夢を報告することもできないとみなされている。[82]

ヴォスとホブソンの立場は主流派の典型的なものだが、彼らの主張が言語に関する命題に立脚している点に注目してほしい。言語は私たちを心的抽象の領域へと引き上げる。その領域で私たちは、明晰夢の特徴である「内省的洞察」を可能にする抽象概念とたわむれることができる。一方、言語をもたない動物は、この抽象の領域に立ち入ることができないので、「明晰になること」もできないというわけだ。[83]

私は、現時点で明晰夢の動物モデルがないこと自体は否定していない。それは、他種の明晰性をどうやって実験室で研究するのか想像もつかないからというのが理由だが、ここで重要なのは哲学的な問題である。明晰性をもたらす心的プロセスを言語を基盤に考えるというヴォスとホブソンの解釈を私たちはどうして受け入れなければならないのか？　抽象性、概念性、合理性がないとき、なぜ明晰性は言語のスキーマの外側に現れないのか？　こうした能力がはたして明晰性に必須の要素なのかどうか、あるいは明晰性はそれらの能力から独立して存在できるのかどうかを、誰が判断するのか？　その判断はどういった根拠に基づくのか？

以下では、明晰性に関する主流派とは異なる見解をいくつか見ていくことにする。それは、夢の種間理論という立場に立った実り多い考え方で、夢を見る能力を動物に開放するものだ。またそうした考え方は、明晰夢の概念的経験と前概念的経験の間、言い換えれば、明晰性それ自体の経験と、明晰性が対象となる場合もある際限のない認知操作の間に、大まかな線をとりあえず引くものとなるだろう。

明晰性に関する「二面性理論」――A明晰性とC明晰性

哲学者のジェニファー・ウィントとトーマス・メッツィンガーは、明晰性の経験を概念的なものと前概念的なものに分け、現代の夢の理論はその区別を曖昧にしていると批判している。二人はその区別を次のように名づけた。

A明晰性　Aは「注意（attention）」から。夢を見ている人が、自分は夢を見ているのだという「自発的な洞察」を経験するときに生じるもので、それ以上の認知操作やメタ認知操作を必要としない。

C明晰性　Cは「認知（cognition）」から。夢を見ている人が、自分は夢を見ているのだという「自発的な洞察」を経験するときに生じるもので、その洞察を出発点として、概念的判断、合理的推論、言語による報告のような、認知操作やメタ認知操作が追加される。[84]

この二種類の明晰性は密接に関連してはいるが、それぞれ別のものだ。具体的には、前者では、夢を見ている人は自分が夢を見ていることに気づくだけだが、後者では、それに気づいたうえで、その洞察をより明確な認知操作の材料として利用している。ここで認知操作とは、夢の世界で起こることを自らの意志でコントロールしたり、自分自身の心的状態について推論したり、「これが、ここが、夢だ」というかたちの意識的な心的判断を下すといったことを指している。別の表現を借りれば、A明晰性は夢に参加することで、C明晰性は夢に参加し、認識することだと言えよう。

ウィントとメッツィンガーは、この二種類の明晰性の関係を非対称のものと見ている。つまり、C明晰性の事例はA明晰性の事例を必ず含むが、その逆はないということだ。二人の解釈によると、他の研究者たちが道を踏み外すのは、自分たちが研究室でたまたま扱っている夢が「注意」や「認知」といった要素をまず含んでいるという理由で、その二つの要素が必ず明晰夢に見つかるはずだと仮定するからなのだという。残念ながら、この仮定は哲学者が「メレオロジー的誤謬」と呼ぶもの、つまり、本来は部分だけに適用される性質を全体に適用することで生じる推論の誤りに陥っている。明晰夢の研究者は、この誤謬によって、一部の明晰夢に当てはまることはすべての明晰夢に当てはまると信じ込み、ひいては、A明晰性とC明晰性の関係を対称のものとみなすようになったが、それは間違いだ。ウィントとメッツィンガーが述べているように、明晰夢を見ている者は、注意なしに認知することはできないが、認知なしに注意を向けることはできる。これがA明晰性、つまり、認知のない明晰性であり、言語、概念性、合理性のない夢のメタ認知なのである。

この議論が動物にどう適用できるかは厄介な問題だ。よってここでは、ウィントとメッツィンガーが、C明晰性は「自己決定的な概念形成を行える理性をもつ生物」のみが有すると明言し、そこには人間だけが含まれると考えていることをまず指摘しておこう。これは主流の見解と同じものだ。動物を擁護する研究者のなかには、二人の結論は拙速で、彼らがどういう意味で「概念」や「理性」という言葉を使っているのか疑問に思う人もいるかもしれない。実際、人間以外の動物が抽象概念を形成したり、論理的推論や計算などの理性を用いた操作を行うとする、比較心理学の証拠は大量にある。[85] この立場からすれば、人間だけが自己決定的な概念を形成するかどうかは自明とは言えないだろう（もちろん、各用語をどう定義するかにも左右されるわけだが）。以上の考察は、動物について性急に判断すべきではないことを思い出させる点で重要だが、別の角度から検討する価値もあるように私は思う。より高度な明晰性（C明晰性）から動物が排除されるのを心配するのではなく、より緩やかな明晰性（A明晰性）に動物が含まれることに注目したらどうだろう。動物が夢のなかでA明晰性を経験すると受け入れることは、何を意味するのだろうか？　それはまた、動物の内省の力や、メタ認知の主体としての立場について何を教えてくれるのだろうか？

ウィントとメッツィンガーは、A明晰性を二通りに定義している。一つの定義は「自発的な洞察」で、夢を見ている人が、自分が夢のなかにいることに気づくが、その気づきが認知操作やメタ認知操作につながらない場合、その人はA明晰夢を見ている。もう一つは「内観的な注意」だ。A明晰性において、夢を見ている人の心はそれ自身の上に折り重なり、主体であると同時に客体にもなっている。心はこのように折り重なった「ひだ」のような状態で内観する。つまり、自分自身の内側を観察するのである。ウィントとメッツィンガーは、この二つのイメージを用いることで、A明晰性を特別な心的プロセス——夢を見ているときに自身の心的状態に注意を向け、そこから心的状態の内容を新しい、高次のものへと変容させていくプロセス——として表現した。

一般的な見地からすれば、このA明晰性の説明におかしなところは何もない。おかしく見えるとすれば、それはウィントとメッツィンガーが、A明晰性は「多くの動物が有することができるもの」と主張した点だろう。[86]どうやら二人の目には、人間以外の多くの種が心の焦点を内側に向け、睡眠中に経験する夢のような現象に注意を払うことができると映ったようだ。そうした種は、合理的な推論を行い、抽象概念と戯れ、複雑な心的判断を下すといった、人間が行っているような認知的芸当は何一つできなかったとしても、夢に関する何らかの「洞察」を得ている可能性があるというのだ。残念なことに、ウィントとメッツィンガーは、この主張をそこに含まれる意味も考えずにただ漏らしたにすぎず、結局、どの動物がそうした並外れた心的能力をもっているのかを明確にしていない。だが、この具体性のなさに気を取られて、きわめて重要な点から目を逸らすようなことがあってはならない。ここで何より重要なのは、現代の夢研究において影響力をもった二人の研究者が、動物には夢のなかで心的な明晰性を経験することが完全に可能だと信じているという点だ。しかも、その明晰性は、カーンであれば「メタ認知的モニタリング」に分類するだろう代物なのだ。たとえ詳細が明らかにされていなくとも、動物の意識の哲学の立場から見れば、これは本当に革新的な譲歩なのである。というのも、二人の主張の通りだとすれば、動物も人間と同様、自分の意識を意識できるメタ認知の主体ということになるからだ。そればかりか、そのメタ認知は夢のなかで生じるのである。

動物のメタ認知――概念的判断から身体化された感覚まで

夢の専門家の大半は、明晰夢を見られるのは人間だけだと確信している。その理由は、明晰夢が次の二つの瞬間を常に含むものとして定義されているからだ。

1　夢を見ている人が、自分が入り込んでいる知覚の場から一歩下がって、その場全体を観察しはじめる、「解離」の瞬間。これは、夢を見ている人の志向性の再方向づけに相当する。

2　夢を見ている人が、具体的な詳細を抽象的な概念に組み込み、心的な判断にいたる、「判断」の瞬間（たとえば、「これは夢だ」という判断）。

多くの人にとって、この定義は魅力的なものに思えるかもしれない。だが私には、この定義が哲学的な含みの多い概念に基づいている点が気にかかる。これでは、議論は明快にならず、より曖昧になってしまうのではないか。そうした概念の一つに「判断」がある。多くのアカデミックな哲学者にとって、「判断」とは命題構造（つまり主語と述語）を伴う主観的な態度を示すものと考えられているため、動物はそれと関連がない。[87] 動物は主語と述語をもつ命題を作らない。したがって、心的判断を下す能力がないとみなされているのだ。こうした哲学者は、動物の睡眠の研究や夢の科学についてよく知らないにもかかわらず、動物が明晰夢を見ることを断固として否定する。だが、その否定はどこから来るのだろうか？　対象となる現象を丹念に研究した結果なのか？　それとも、含みの多い哲学的概念を無批判に受け入れた結果なのか？　彼らのなかで影響力をもっているのは理論なのか、用語なのか？

こうした疑問の重要性を理解するために、二つ目の瞬間の説明にある「判断」という用語を「感覚」に置き換えたときに、何が起こるかを見てみよう。そこに現れてくるのは、明晰性についての新しい説明以上のもの、すなわち明晰性の新しい概念だ。しかもそれはウィントとメッツィンガーによるA明晰性の概念に似ている。この改訂版では、動物が以下のことを経験するのなら、明晰夢を見ていると言うことができる。

1　夢を見ている人が、自分が入り込んでいる知覚の場から一歩下がって、場そのものに参加する、「解離」の瞬間。

2　夢を見ている人が、その場が目覚めているときに知覚している場とはどこか異なっていることを感情的および身体的に感じる、「感覚」の瞬間。

「感覚」という感情的、身体的なものが、「判断」という認知的な行為に取って代わることで、動物が言語、概念性、合理性を介して世界を経験していない場合でも、夢のなかでいかに明晰性を経験できるのかを容易に理解できるようになる。そのとき明晰性は、夢を見ている動物の心的生活を自発的に引き継ぐ、前概念的、前認知的な感覚として現れるのである。[88]

では、その感覚とはどのようなものだろうか？　確実なことが言えるわけもないが、可能性の高いシナリオをひとつ挙げてみよう。動物たちは、目を覚ましているときの知覚の場にすっかり慣れているため、夢の知覚の場で何かおかしなことがあった場合は、本能的にそれに気がつくのかもしれない。奇妙に思えるのは夢の内容であってもよいし、あるいはその内部構造であってもよい。[89]どちらにせよ、この不調和の感覚によって、動物は夢の内容よりも夢の状態に注意を向けるようになり、「解離」の瞬間が訪れるのかもしれない。そのうえで、もし動物が、現在の知覚の場が目覚めているときの場とは異なっていることに前概念的なレベルで気がつけば、その認識は「自発的な洞察」に相当すると言えるだろう。

動物に明晰性が現れるのは、おそらくこうした流れなのではないか――そこで重要になるのは、概念に満ちた判断行為というよりは、現象的経験のどこかがおかしい、何かが腑に落ちないという直感なのだ。哲学者のマーク・ローランドが説明しているとおり、多くの動物は「何かがおかしい」と把握するのに、複雑な心的判断を必要としていないのである。[90]

ここではっきりさせておくが、私は、動物が明晰夢を明晰夢として経験している（これはC明晰性の領域である）とは言っていない。また実のところ、A明晰性を経験しているとも言っていない。私の認識は、動物の明晰性という考え方は思弁的なもので、それを持ち出した時点で、確固たる根拠からは遠ざかっているというものだ。とはいえ、この考え方は多くの人が感じているほど突飛なものではないかもしれない。そう思う理由はいくつかある。第一の理由は、ここまで見てきたように、その考え方を受け入れる科学的な根拠をもった夢の理論があること。[91] 第二の理由は、動物のメタ認知に関する文献が急増しており、そこから、多くの種が自分に意識があることを意識している兆候を示すとわかったこと。[92] よって問題は、もはや動物にメタ意識があるか否かではなく、ミシェル・ジュヴェの言う「眠りの迷宮」でメタ意識をもてるか否かということになる。第三の理由は、機能的神経解剖学の研究によって、多くの動物、とりわけ哺乳類が、人間に明晰夢をもたらす脳構造（主に背外側前頭前皮質）と進化的に相同、あるいは機能的に類似した構造をもっていると証明されたことだ。[93]

ここで付け加えておけば、動物が明晰性を経験することに疑念を抱いている研究者であっても、この問題に対する態度は必ずしも一貫していない。たとえば、ヴォスとホブソンは、先ほど引用した文章のなかで、動物は抽象的思考の前提となる言語をもたないので「動物モデル」は存在しないことを強く訴えていた。ところが、以前に出版した論文は、それとは著しく異なる論調で、一部の動物、特に鳥類と霊長類は、実は睡眠中に「気づいていることの気づき」を経験していると述べている。[94] 二人がなぜ考えを変えたのかはわからない。だが、もし以前の論文の方が正しかったとわかれば、動物の心に対する私たちの認識は劇的に変わることだろう。というのも、そうなれば夢から目覚めるだけでなく、人間のように夢のなかで目覚める生き物、いま一度ライプニッツの言葉を借りれば「夢は続いている」さなかに、その夢の幻想のヴェールを剥ぎ取る生き物がいることになるからだ。もしかすると、そうした動物は、アメリカ南西部の草原を飛び交うカラス、コンゴ川以北の森を歩きまわるチンパンジー、オーストラリアのノーザンテリトリーで火を使って獲物をいぶりだすトビなどかもしれない。

夢を介したアプローチの利点

本章では、動物の意識の理論について考えるために、夢を道しるべとして歩を進めてきた。私たちが目指したのは、ポール・マンガーとジェローム・シーゲルが「睡眠中の精神活動」と呼んだもの[95]の主観的、感情的、メタ認知的なダイナミクスに着目することによって、動物の心に関する理解を深め、現代の動物の意識の理論をその独断的な眠りから目覚めさせることだった。ここで最後に、これまで見てきた「夢」を介したアプローチの利点を二つ挙げて、検討を加えることにしよう。

まず第一の利点は、動物の意識に対するもっとも典型的な反論、私が「行動主義的還元」と呼んでいるものを回避できることだ。行動主義的還元とは、動物の行動は外的刺激に対する意識を介さない反応——先天的な反射、本能、学習された関連づけに根ざした反応——にすぎないかもしれないのだから、それを意識の証拠にすることはできない、というものだ。例を挙げよう。飼い犬のオーサは、私が帰宅するたびに尻尾を振って出迎えてくれる。その姿を見て私は、オーサは私に会えて嬉しく思っているのだと考えるが、実は尻尾を振っているのは、環境内にある何か、進化系統、あるいは過去の記憶がきっかけで生じる、固定された、予想可能な反応なのかもしれない。もしかすると、長い期間ひとりぼっちでいたイヌは自分以外の動物に対して常にそう反応するのかもしれない。もしかすると、人間のまわりでそう行動するように進化してきただけなのかもしれない。もしかすると、私の存在と報酬――なでられたり、餌をもらったり、散歩に連れていってもらったりなど――の関連を学習したのかもしれない。いずれにせよ、ドアを開けると尻尾を振ってくれるからといって、オーサが私に会えて喜んでいると、どの程度まで私は信じてよいのだろうか？

いま見たどの説明においても、オーサが外の世界の力によってあちこちに引っ張られる操り人形に還元されていることに注目してほしい。オーサは行動しているのではなく、外部の作用を受けているだけだ。考えているのではなく、刺激を処理しているだけだ。マーサは正の感情も負の感情も抱かない。報酬と罰に反応しているだけなのだ。私に言わせれば、この種の還元が危険なのは、動物の行動を行動主義的に解釈することが常に可能になってしまうからだ。つまり、いかなる心的表象にも、また、いかなる内的な現象学にも無縁のものとして、動物の行動を理解することにつながるのである。前提としている仮定や依拠している理論によっては、その過程で失われるものを無視することを厭わなければ、生物のもっとも複雑な行動でさえ、単純で予測可能な反応へと煮詰めることができるだろう。

しかし、動物が夢を見ていると考えれば、こうした還元に一石を投じることができる。ボールを追いかける夢をイヌが見たり、けんかをする夢をネコが見たりするのは、外部の自然の要請に反応した結果だと真面目に主張する人はおそらくいないだろう。この場合には、反応すべき外部の自然がそもそも存在しないからだ。夢のなかのボールやけんか相手は、イヌやネコが自身の心的能力を使って呼び起こした、純粋な内因的現象である。動物の想像力の産物なのだ。そう考えれば、行動主義者による還元を超える説明が必要になるのは当然の話だと言えよう。認知神経学者のマルティナ・パンターニ、アンジェラ・タジーニ、アントニーノ・ラフォーネが人間の夢について論じたように、夢とは想像されるものだ。その存在は、内的な心的状態を完全に捨て去ろうとする意識の理論に対して、手強い難問を突きつけている。[96]

「夢」を介したアプローチの第二の利点は、私たち人間が他の多くの種と共有している心の自由を知る手がかりになることだ。哲学者のミシェル・フーコーは、生涯を通じて夢解釈の歴史に強い興味をもちつづけたが、夢とは、私たちのもっとも根源的な自由、つまり超越する自由を表面に押し出すものだと主張した。[97]私たちは夢によって、直接性の領域から介在性の領域へ、内在性の領域から超越性の領域へと勢いよく送り込まれていくというのだ。フーコーは、夢は「想像のしるしの下での超越の経験」だと述べている。[98]それは、「もっとも根源的なかたちの人間の自由」である。[99]

言うまでもなく、そう書いたときのフーコーの念頭には動物の夢はなく、したがって、動物の超越性の理論のようなものを彼の著作から抽出するのは難しい。だが反対に、フーコーの考え方が、人間中心主義的ではない夢の理論にいかに取り込まれるのかを理解するのは、決して難しくはないはずだ。事実、フランスの哲学者、神経学者であるボリス・シリュルニクの著作には、フーコーの考えを動物に適用した、より包括的な主張が見られる。二〇一三年に「ル・コック・ヘロン」に掲載されたインタビューのなかで、シリュルニクはフーコーに倣って、夢は「現実からの逃走」であり、生物はそれを通じて「今、ここ」から解放されると述べた。「夢を見る生物は直接性から逃れる」と彼は書いている。[100] 一方で、フーコーと異なる点もある。それは夢の超越性が何から生じるかという点で、シリュルニクは、夢を見ているのが人間だということではなく、夢を見る行為そのものに超越性の根源があると信じている。つまり、私たちは人間だから超越するのではなく、夢を見るから超越している。ネコ、イヌ、キリンなどの複雑な神経系をもつ動物も同じだ。そうした動物も自由への道を夢見ているのだ。睡眠中の動物もまた、サルトルが「創造的な意志の流れ」と呼んだもの[101]――「そうあるもの」を否定し「そうあったかしれないもの」を肯定する場所に行き着く流れ――に似たメカニズムを介して、世界全体の類似体を生み出している。要するに、動物は「想像のしるしの下で」超越を経験している。

夢について考えることで、私たちは動物意識研究の新しいフロンティア、人間／非人間、実在論的なもの／生物学的なもの、超越的なもの／内在的なものの境界線が曖昧になる場所へと導かれていく。このことを否定できる人は少ないはずだ。本章では、主観、感情、メタ認知という三つのフロンティアを見てきた。そこで次の章では、その上に静かに漂っていた四つめのフロンティア、すなわち「想像」を取り上げることにしよう。古代ローマの哲学者、詩人のルクレティウスによると、夢を見ることは、自分で想像した姿形、「眼の前でリズミカルに踊る」不思議な虚像を心のなかで見つめることである。[102]

第3章　想像力の動物学

魂に鳴り響くこの力強い音楽は何か！
その正体は何者で、どこにあるのか、
この灯火、この栄光、この美しく輝く霧、
この美しい、美を生み出す力は。

——サミュエル・コールリッジ[1]

想像力のスペクトル

本書ではここまで夢に焦点を絞って議論を進めてきたが、夢は生き物の心的生活と切り離して単独で存在するものではない。実際のところ、夢とは哲学者のナイジェル・トーマスが「心における想像の多次元スペクトル」と呼んだもの、すなわち、想像という行為、白昼夢、幻覚、鮮明な記憶、フラッシュバック、眠る直前に生じる入眠時心像や起きる直前に生じる出眠時心像、催眠幻覚、ふり遊び（ごっこ遊び）、そればかりか覚醒時の知覚さえも含むと言われる、意識活動の広域帯の一部なのだ。[2] これらの精神の発露は、拠って立つ神経基盤や現象学的プロファイルはそれぞれ異なるかもしれないが、一つの共通点も見つかる——それらはすべて想像力の産物だという共通点だ。故郷であり、真実でもある、より大きな「想像力のスペクトル」に言及することなしに、夢を含め、いま挙げた意識活動について議論することはできない。フーコーが述べているように、もっとも単純で未熟な夢でも「新しい地平に開かれている」のであり、その地平とは想像力の地平なのである。[3]

残念なことに、哲学者と科学者は、動物の想像力を示す兆候をこれまでずっと見逃してきた。おそらく、動物の想像力の地平を受け入れるには、彼らの想像力の地平があまりに狭すぎたせいだろう。[4] フーコーは、その著作が世界的な動物解放運動において利用されてきたが、その彼でさえ、人間中心的な想像力の理論を支持している。実際フーコーは、想像するという能力が人間存在の主要因だと確信していたので、ついには哲学を「想像力の人類学」へと変換するよう力説するまでになった。[5]

しかしながら、動物の夢について知り得たことを考慮に入れれば、想像力を人間の枠内に閉じ込める人類学的な理論をもはや信頼はできない。必要なのは、想像力の動物学的な理論だ。私たちはこの理論によって、人間世界の外にある想像力の動きに狙いを定め、そのルーツを追って、動物生活の領域まで足を踏み入れることができるだろう。本章では、夢とそれ以外の想像行為（特に幻覚、ふり遊び、白昼夢）の重要な類似性を明らかにする二つのケーススタディを通じて、こうした理論への道を切り開こうと思う。霊長類とげっ歯類に関するその二つのケーススタディは、コールリッジが言うところの「魂に鳴り響く音楽」、つまり想像力と共に一生を過ごす生物が人間だけではないという認識に私たちを導いてくれるはずだ。

サルが見る、サルが行う（ケーススタディ1）

一九六六年、心理学者のゲイ・ルースは、アメリカ国立衛生研究所に雇われて、保健福祉省（DHEW）のために「睡眠と夢に関する最新研究」と題する報告書を書いた。この報告書は睡眠と夢の研究分野における動向を調査したもので、研究が不必要に重複するのを防ぎ、各分野（心理学、精神医学、生理学、人類学など）間の協力を促進することを主な目的としていた。

アメリカ心理学会賞のジャーナリズム部門を三度受賞しているルースは、次のような格調高い文章で冒頭から読者を引き込む。

我々が生まれいずる闇と死を迎える闇のあいだで、闇は満ち引きをする。闇は日々、生活を満たしたかと思えば引いていき、我々はそれに従うほかない。人生の三分の一は睡眠に費やされる。睡眠とは、他とはまったく違った、どこまでも謎めいた意識の領域だ。そこで人は、目覚めているときの世界とは遠いところにいて、しばしばまったく動かず、死んでしまったかのように見える。夢はどうしてそんなふうなのか？　動物はなぜ、このような不動の時間に身を投じるのか？[6]

ルースの報告書は続いて、心理学者、生物学者、精神科医といった当時の「心の天文学者」が、睡眠と夢をどう理解していたのかについて、ほぼ完全な全体像を提示する。その際には、睡眠の生理学、哺乳類の睡眠周期の構造、断眠の影響、睡眠に関連した障害の性質、考えうる夢の起源や原因や機能などの説明がたっぷりと付け加えられている。

幻覚を求めて

ルースは、報告書の八〇頁あたり、「レム睡眠状態」と題された章のなかほどに「動物の夢」という小見出しを設け、この「とても異様で、どこまでも謎めいた王国」である夢を頻繁に訪れるのは私たち人間だけではない可能性を指摘した。そして、それに続けて、動物が覚醒時の生活を睡眠中に再現していることを実証したおそらく初めての実験、すなわち、一九六〇代初頭にピッツバーグ大学でチャールズ・J・ヴォーンが行ったサルの幻覚実験を紹介している。[7]

実験では、アカゲザルを感覚遮断ブースに一頭ずつ入れ、ブース内のスクリーンに映像が映し出されるたびに親指でレバーを一定の速度で押し上げるよう訓練した（失敗した場合は足に電気ショックを与えた）。訓練が終わると、サルは感覚を奪われた状態に置かれ（七四〜九六時間）、その間は何も見ることも聞くこともできない。具体的には、目にプラスチック製のレンズを入れて視覚刺激を遮断し、ホワイトノイズを発生させて周囲の音をかき消した。もっとも大事な感覚である聴覚と視覚を遮断したときに、視覚的な映像の出現に関連する行動が再現されるかを観察しようというわけだ。こうした状態にあってもバーを押し上げるのなら、そのサルは暗闇のなかで幻視を経験している（ルースの言葉を借りれば「ものを見て」いる）ことになる、とヴォーンは考えた。[8]

ところが、実験を終えたヴォーンは、アカゲザルが起きているときに幻覚を見ている証拠を発見できなかった。その代わりにわかったのは、より刺激的な結果、すなわちサルは眠っている間に幻覚を見るということだった。[9]当たり前の話だが、感覚が剥奪された状態のサルも眠ることがある。多くのサルがレバーを押し上げたのはそのときであり、何らかの視覚的経験によってその条件づけられた反応が引き起こされたと考えられた。行動はレム睡眠時に生じていた。ルースは次のように説明している。

サルたちは急速眼球運動時に突然、猛烈なペースで、覚醒時のように規則的かつ迅速にレバーを押し上げはじめた。レバーを押し上げるサルは、ときに顔を歪め、鼻孔を広げ、深呼吸をし、吠えることすらあった。おそらく、急速眼球運動のあいまに「ものを見て」いて、その映像に関連する電気ショックを避けようとしていたのだろう。隔離期間が終わると、投影された映像にまだ正確に反応できるかを調べるため、サルたちは訓練状況下での試験を受けた。実験者は、サルが目覚めている間にレバーを押し上げた事例を一件しか見ていないため、幻覚に関するデータはほとんどないことになるが、睡眠中の視覚的イメージの経験という非常に強力な証拠を手に入れることができた。[10]

ルースは、この実験結果を「[サルが生活の]視覚的再現を経験」している「非常に強力な証拠」と解釈し、[11]結びでは、私たちは「動物意識の内部構造について」ほとんど何も知らないと嘆いている。そして、この種の実験を積み重ねていけば、内部構造がもっとわかるはずだと確信し、次のような展望を描く。「おそらく次の段階で、たとえば、特定の映像や匂いに反応するようにサルを訓練する実験を行えば、サルがどんな夢を見ているかが突き止められるかもしれない」[12]

ヴォーンの実験とルースによるその記述は、人間以外の種における心的表象について興味深い疑問を呼び起こすように私には思える。感覚刺激が失われた状態で、アカゲザルはどうやって視覚的イメージを自分自身に向けて心のなかで表示したのだろうか？　認知科学や心の哲学の専門家の多くは、心的表象を可能にするには命題言語をもっていることが前提条件になると考えているが、だとすれば、言語をもたない動物がいったいどうやって心的表象に到達したのか？　アカゲザルが生み出したのは本物の心的表象ではなかったということか？　それとも、専門家たちが自らの人間中心主義的な世界観によって判断を誤り、言語がなければ心的表象もありえないと信じ込んでしまったのだろうか？

私は豊かな内面生活に言語は必要ないと考えているので、後者の説明を支持したい。私の考えでは、ここで問うべきなのは、「言語の枠組みの外で思考を実現できるか？」ではなく、「思考を実現するには、言語の他にどのような枠組みがあるのか？」という疑問だ。意識に対する言語的なアプローチに批判的な哲学者、ディーター・ローマーは、以下で見るように、この問題について興味深い答えを提示している。

霊長類の非言語的な表象

ローマーは二〇〇七年の論文において、世界を表象する唯一の方法は言語を媒介としているという、人間の能力に対するナルシスティックな崇拝から生まれた時代遅れの概念から、私たちはそろそろ脱却すべきだと強く訴えた。もちろん言語は、世界を表象する際に生物が利用できる媒体の一つだが、それしか方法がないわけではない。実のところ、人間もまた自身の環境を「ポリモーダル」に表象している。[13]言い換えれば、①単語、概念、命題を用いる言語概念モード、②想像力の助けを借りて視覚的な情景（人物、物、出来事を含む）を生み出す風景モード、③ジェスチャー、ボディーサイン、顔の表情の生成と解釈を通じて機能する身ぶりモード、④過去の感情、気分、身体の感覚を思い出す感情モードといった複数の表象様式を同時に利用しているのだ。ローマーによると、人間はこれらすべての様式を介して思考を実現しているという。

図9　1960年代に行われたチャールズ・J・ヴォーンの感覚遮断実験によって、睡眠中のアカゲザルが内因性の視覚イメージを経験していることが意図せず証明された。ヴォーンの実験は、動物の睡眠の現象学に関して重要な問いを投げかけた一方で、心理学実験における動物利用について倫理的な問題をも提起した。

ローマーは心的表象をマルチモーダルなものとして記述し、それによって言語のない思考の可能性の扉を開いた。というのも、人間は、意のままに操作できるその他の表象様式を単独で、あるいは組み合わせて使用することで、言語を介さずに世界について考えることができるからだ。いくつか例を挙げよう。たとえば、視覚モードを働かせれば、部屋の眺めや街の景色のような情景をいくらでも生成できる。また、このモードを感情モードと組み合わせれば、強い情動反応や身体感覚を喚起する情景（犯罪現場や心が休まる場所など）を生み出すことができる。さらに、ここに身ぶりモードを加えれば、手話や表情、ジェスチャー（ウィンクする、首を振る、人差し指で指すなど）を通じて、他者と自分が交流している情景も生成できるだろう。たとえこうした情景が言語的な内容や構造を欠いていたとしても、それがある種の心的表象であることには変わりがない、とローマーは述べている。何らかの物理的、感情的、社会的な現実を表しているかぎり、それはやはり自分にとって意味のある思考である。言語という機構に属していなくとも、世界とその内部の自分の位置を理解するのを助けてくれる。

ここで本書の目的のために、ローマーの理論の二つの側面を明らかにしておこう。まず一つ目は、ローマーが、自分の理論は人間からキツネザルまで現存する三〇〇種以上の霊長類すべてに適用できる、霊長類の表象理論であると明言していることだ。[14] そして二つ目は、霊長類は外部からの刺激がなくとも、いずれかの表象様式を働かせることができるとも述べていることだ。たとえば、アカゲザルは、眼の前の環境に存在せず、したがって感覚を通じて経験できない対象を視覚化するために、視覚モードを働かせていた。同様にゴリラは、視覚、感情、身ぶりモードを働かせて、群れがグルーミングをしているところや、アルファオスどうしが戦っているところを想像することができる。言うまでもないことだが、霊長類が表象をどう経験するかは、そのときの意識の状態によって異なる。その霊長類が目覚めているのであれば、表象は幻影や白昼夢の形態をとるだろうし、眠っているのであれば、夢や悪夢といったかたちで現れるのである。

ヴォーンの実験でアカゲザルが示したのも、こういうことだったのではないかと思う。つまりサルたちは、睡眠中に視覚モードと感情モードを働かせた結果、視覚面および感情面において豊かな心的イメージを経験したのだ。そのイメージが視覚的要素をもっていたのは、サルがバーの押し上げという特定の反応（視覚刺激とだけ結びついた反応）を引き起こしたことでわかり、また、感情的要素をもっていたのは、深呼吸、鼻孔の拡張、しかめ面などの生理的、相貌的な変化を誘発したことからわかる。たしかに、こうした行動を「モーガンの公準」に則って、たとえば「顔面の筋肉が痙攣した」などと記述することはできる。だが、このような単純な説明ではサルの行動の複雑さは捉えきれない。それよりも、サルが夢のなかで覚醒時の経験を再現したという説明の方が合理的だろう。もしかすると、サルたちは起きているときと同様の隔離状態に置かれた夢を見ていたかもしれない。そしてその再現が、最初の経験と結びついた負の感情――予期される電気ショックのストレス、感覚剥奪ブースの閉塞感、実験室で飼育されることのフラストレーションなど――をもたらしたとも考えられる。[15] いずれにせよ、ここで紹介した事例は、トーマスの「心における想像のスペクトル」の二人の住人、すなわち幻覚（ヴォーンがさがしたが見つけられなかったもの）と夢（さがしていなかったが見つかったもの）の類縁性を浮き彫りにするものと言える。

夢、ふり遊び、ファンタジー

心理学者のロバート・クンゼンドーフもまた、『意識的感覚、意識的想像力、自己意識の進化』という著作のなかで、ヴォーンの研究を取り上げた。そして、ローマーと同じように、人間以外の霊長類の夢は、現実という堅固な領域から可能性という形の定まらない領域へと志向性を向けなおす、覚醒時の空想のような心的作用と同じ延長線上にあるはずだと結論づけた。同著作では、ヴォーンの実験でアカゲザルが示した周期性と急速眼球運動が指摘されており、それを読むと、夢と覚醒時の空想を概念的に切り離すことがいかに困難かがわかる。

周期性と眼球運動のどちらもが、夢だけでなく覚醒時の空想と統計的に関連していることは重要である。ウォレスとココシュカによる周期性の研究からは、覚醒時の視覚イメージの鮮明さは一日を通じて変化し、おそらく夢の周期や神経系の超日リズムと同期していることがわかっている（Wallace and Kokoszka, 1995）。ラエンとテオドレスクによる眼球運動の研究によると、過去に見た刺激を覚醒時にイメージするときの人間の眼球の動きは、その元となる視覚刺激を知覚しているときの動きを「再現」する傾向にある（Laeng and Teodorescu, 2002）。また、ジーマ、シュルタイス、バルコウスキの研究からは、人間は空間問題を解くときに自発的な眼球運動を示すが、それは問題を考えるにあたって視覚的イメージを作るときだけであり、そのイメージがないときには運動が見られないことが明らかにされた（Sima, Schultheis, and Barkowsky, 2013）。同様に、温血動物は、レム睡眠中に夢を見る傾向にあるだけでなく、覚醒時にもイメージをもつことができると考えられる。[16]

クンゼンドーフが言いたいのは、当初は互いに何の共通点もないと思われていた心的作用も、よくよく調査してみると、きわめて重要な認知的、生理的な類似点をもっている場合があるということだ。たとえば、夢を見ること、覚醒時の空想、問題解決には多くの違いがあるが、それでもこれら三つの活動はどれも、心によるイメージの自発的生成に基づく「視覚的構築」の実践であり、周期的でしばしば高速眼球運動につながるプロセスだという共通点がある。

クンゼンドーフによると、動物は視覚的構築にさまざまな方法で参加しており、その一例が「ふり遊び」なのだという。ふり遊びとは、実際そうではないのに、「あたかも」そうであるように動物がふるまうことを指す。[17] クンゼンドーフが事例として挙げているのは、霊長類学からの二つの報告——無生物の物体をおもちゃ代わりにする類人猿と、写真に写ったブルーベリーを食べるふりをするのが好きなパンバニシャという名前の類人猿の報告である。後者の事例を観察した霊長類学者は、パンバニシャの行動を次のように書き記している。

パンバニシャは写真のなかのブルーベリーを直接「食べる」。彼女は自分の口を写真にあて、写真のなかのブルーベリーが触れると唇を閉じ、片手をあげて、何かを噛んでいるような口の動きをする。こうした行動を数回繰り返してから、パンバニシャは「ブルーベリー」を写真から指でつまみとり、その指からブルーベリーを「食べる」——このとき彼女のブルーベリーの心的表象は、(写真と口から離れて)視覚空間へと拡張したのだ。[18]

このパンバニシャのふるまいの複雑さを理解するには、「ふり」を成功させるのに、彼女が踏まなければいけなかった手続きを考えるのが役に立つ。まずパンバニシャがしなければならなかったのは、写真のインクのしみを本物のブルーベリーとして扱い、それによって現実と想像の間にある写像規則《マッピングルール》を確立することだった。その次には、現実のブルーベリーの物理的特性や因果関係を、写真のなかの非現実のブルーベリーに心的に投影して、それから写真との通常の関わり方をいったん保留し、現実との関係を変容させる必要があった。具体的には、写真を写真として扱うのをやめ、現実のなかにある非現実を代理する存在——架空のものが彼女の世界に忍び込む（そして一瞬だけその世界の一部となる）ための秘密の通路——として扱う必要があった。そして最後は、正しい行動を正しい方法と順序で行う（架空のブルーベリーをつまみ、口に運び、食べ、さらにいくつかつまむ）ことで、現実と虚構を行き来しなければならなかった。言い換えれば、心のなかで架空のシナリオの稽古をして、それを説得力のあるかたちで現実に移し替える必要があった。ヴォーンの実験のアカゲザルの夢が視覚的、触覚的、感情的なイメージを含んでいたように、パンバニシャの次々に変化するふるまいは、多くの「触覚・筋肉的、味覚的、視覚的イメージ」を包摂することによってのみ成り立つものだったのだ。[19]

この種の事例は霊長類学に数多く見つかる。日本の霊長類学者である松沢哲郎が「丸太の人形——野生チンパンジーのふり遊び」という論文で紹介した、二歳半のメスの野生チンパンジー、ジョクロの話もその一つだ。ギニアのボッソウで暮らすジョクロは、ある日、呼吸器系の重い病気にかかった。ジョクロの母親と姉は交代で彼女の面倒を見ていたが、母親が病気の娘の面倒を見ている間、姉（ジャとい

図 10　霊長類はさまざまな「ごっこ」を行う。この図は、写真のなかのブルーベリーを食べるふりをするパンバニシャ。その際には、筋肉、味覚、視覚イメージが動員されている。

う名前の健康な大人）の方は「丸太の人形」を持ち運び、まるで自分の妹のように世話をすることがわかった。松沢は次のように書いている。「母親がそうするのを見ていたジャは、自分は丸太の人形を使って、病気の妹の世話をするふりをしているようだ」[20]

数週間後、ジョクロの状態は急激に悪化し、もはや自分で立つことも母親にしがみつくこともできなくなった。それでも母親は、ジョクロが背中から手足を力なくぶらさげるだけの状態になるまで、どこに行くにも彼女を背負いつづけた。この論文では、動物の「ふり」の事例として、姉のジャが妹の死までの数日間、丸太の人形を使ったことに焦点が絞られているが、それ以外にもう一つ「ふり」の事例が潜んでいるように思う。それは、娘が死んだあとの母親の行動だ。松沢の報告によると、母親はジョクロが死んだあとも二週間にわたり、娘の死体を背負っていたという。母親は娘の死に対峙する準備ができておらず、悲しみのただなかで、「あたかも」娘がまだ生きているかのように行動しつづけたのではないだろうか。[21]

チンパンジーの例を通してふり遊びの理論を構築するのは、たしかに容易な仕事かもしれない。心理学者のロバート・ミッチェルが述べたように、類人猿は、ふり遊びのような想像力を伴う能力をもっていると科学や哲学からお墨付きを得た唯一の動物なのである。

科学者は、擬人化のそしりを恐れるあまり、動物の活動を「ふり」を用いて説明するのを避ける傾向にある。ダーウィン以後、動物の活動を心理学的に解釈しすぎることへの反発から、心理学的行動主義は、「行動」に着目するよう科学者たちに働きかけた。心理学的解釈をいくぶん取り去って、動物の動きに言及するよう促したのだ。今日では、心理学者の多くが厳格な行動主義からは遠ざかっているが、それでもなお、動物の複雑な心理を解釈することには懐疑的であるよう期待されている。……大部分の科学者は、おそらく先述した過剰な解釈という批判を恐れた結果、「ふり」の説明を捨てるか、曖昧な表現をするか、そのどちらかを選択肢とした。同じことは哲学でも起きている。科学者が安心して「ふり」を持ち出せるのは、類人猿のケースだけなのである。[22]

とはいえ、悲しむべきことに、類人猿の場合でさえ反対意見は根強く残っている。[23]

子供と動物における「ふり」の研究史に関する論文のなかでミッチェルが説明したところによると、ふり行動は一九世紀を通じて科学的議論の対象だったが、二〇世紀になり、動物の精神活動を懐疑的に見る新理論が生物学や心理学で流行すると、やがて過去の遺物と化してしまった[24]（私見では夢も同様の扱いを受けた）。近年、専門家たちはふり行動に再び注目するようになったが、それは、懐疑的な態度で退けようとしても、そうした行動がいたるところで意図的になされたように観察されることに気づいたからだ。研究者たちはいま、優位のオスをからかうために嘘のシグナルを送るゾウ、捕食者の注意を引くために翼を痛めたふりをする鳥、社会的遊びの一環として模擬的なけんかをするイヌ、周囲の人間のまねをしてタバコの煙を吐くふりをするイルカ[25]などを見て、自然界が「ふり」や「ごっこ」の技術と無縁ではないことを受け入れている。

動物による意図的ないたずらやごまかしの事例に私が興味を引かれるのは、ここでもまた、それらの事例が、ふり遊びとその他の想像力を用いる行為（夢、幻覚、マインド・ワンダリングなど）の間にあるつながりを明らかにしてくれるからだ。[26] もちろん、想像力を必要とする行為だからといって、それらを同一視することがあってはいけない。パンバニシャはブルーベリーの夢を見なかったし、ジョクロの母親は娘の死の幻覚を見なかった。とはいえ、こうした一見つながりのない現象も一本のはっきりした線で結ばれていると考えられ、私はそれを「動物学的想像力」と呼んでいる。この想像力は、動物界に広く見られるもので、第1章で見たタコやイヌやネコの夢と、本章で見たアカゲザルの幻覚や類人猿の行動を結びつけるものだ。また、夢や幻覚を、近年ラットにおいて認められた白昼夢（あるいはマインド・ワンダリング）と結びつけるのも、この想像力である。

夜に見る夢、昼に見る夢（ケーススタディ2）

ローマーによる霊長類の表象理論を先に紹介したとき、思考は言語的なものであるほかないと多くの科学者や哲学者が信じていると述べた。しかし幸運なことに、そうした考え方は次第になりをひそめ、思考の土台として言語を仮定しない、新しい理論的枠組みが登場する余地が生まれつつある。たとえば、神経心理学者のローレンス・ワイスクランツは、『言語なき思考』という著作で、旧来の考えの限界について検討し、言語が思考を鎖でつないでいると信じているかぎり、「言語を有している」という恣意的な基準を満たさない生き物の心の複雑さに圧倒されつづけるだろうと警告を発している。この基準を満たさない生き物には、脳に損傷を受けて言語能力を失ったが何らかの認知能力は保持している人間、まだ言語は習得していないがすでに世界に関する考えをもっている幼児、命題言語はもたないがその感受性、好奇心、洞察力で私たちを驚かせる動物たちが含まれる。

動物行動学者のマーク・ベコフと哲学者のデイル・ジェイミソンは、動物と非言語的な思考の可能性について次のように述べている。

思考は表象を必要とするが、表象は言語を伴わないという仮定は可能かもしれない。……言語的に表象しえないことは、言語をもたない生き物の信念や欲望に影響を与え、ことによっては制限さえすることもあるだろう。だからといって、そのことが信念や欲望を抱くのを妨げたり、認知地図を使えなくすると考えるのは理解しがたい。[27]

私もまた、ベコフとジェイミソンと同じように、動物が心的表象——それが信念や欲望であれ、あるいは認知地図であれ——を形成するのに言語という恩恵が必要だとする理由がわからない。しかしながら、思考が言語の淡くぼやけた影ではないものとして出現すると考えたいのであれば、思考が言語なしでいかに生じうるかを説明する必要がある。だとすれば、いったいどのような能力（あるいはその組み合わせ）が、思考形成プロセスにおいて伝統的に言語に割り当てられてきた役割を担うことになるのだろうか？

まっさきに思い浮かぶのは想像力である。

げっ歯類の認知地図、再び

認知地図について考えてみよう。認知地図とは空間の心的表象のことで、それによって動物は、ある場所から他の場所へと計画的、合理的に移動できるようになる。私の考えでは、認知地図は言語の習熟というよりも、想像する能力と関わっているように思う。動物は、想像力を発揮し、ローマーの「表象の風景モード」のようなものを働かせることで、自分の認知地図（発見者である心理学者のエドワード・トールマンにちなんで「トールマンの認知地図」と呼ばれることもある）を生み出し、維持し、更新するのだ。

ここで、想像力が認知地図にいかに関わっているかを理解するには、「再生的想像」と「生産的想像」の哲学的な区別を心にとめておく必要があるだろう。再生的想像とは、人、場所、物体などのイメージを記憶から思い出すことを指す。一方、生産的想像（「構造的想像」と呼ばれることもある）とは、すでに経験した人、場所、物体などのイメージを利用して、それを超えたまったく新しいイメージを作り出すことを指す。私の考えでは、動物は以下の二つの行為を通じて、空間の心的表象——一貫性をもって統合された表象——に到達しているようだ。すなわち、①過去の空間の経験を短期および長期記憶にイメージとして蓄えたのち、関連する外部刺激がないときにそれらのイメージを思い起こすこと（再生）、そして、②最初に感覚を介して直接与えられたものを超える、新しい空間の可能性を合成すること（生産）である。この蓄積と合成を組み合わせることで最終的に認知地図が生成され、動物はそれを利用して自分の暮らす空間を移動する。私の解釈では、この地図は徹頭徹尾、想像力の範疇にある。ところで、トールマンが認知地図の概念を導入したのは、彼がラットを使った研究をしているときだった。そこで、これからしばらくはこの人懐こく社会的な生き物に注目し、トールマンの認知地図の構築において想像力が中心的な役割を果たしていることを立証した、海馬研究の近年の発見について考えてみる。

私たちは第1章で、睡眠中のラットが海馬にある特定の細胞を活性化させて、空間経験をリプレイする場合があることを見た。しかし脳波の記録からは、ラットが起きているとき、特に迷路内を走るのを中断しているときにもリプレイを行うことがわかっている。迷路を探索中のラットは、そこを無事通り抜けるルートを見つけることに全注意力を傾ける。だが、いったん休息する機会が得られると、ラットの心はすぐにその周囲の環境からさまよい離れはじめる。このとき、ラットはあらゆる種類の空間配列を心のなかでリプレイするが、その配列には、自分で経験したものもあれば（再生的想像）、経験したことのないものもある（生産的想像）。こうした「覚醒時再生」の瞬間に何が起こっているかを理解するために、次に、海馬の機能に関する神経科学研究における重要な進展をいくつか見てみることにしよう。

話は、MITピカワー学習・記憶研究所のデイヴィッド・フォスターとマシュー・ウィルソンが、二〇〇六年にとある発見をしたところから始まる。その発見とは、起きているラットが、現在いる場所で近い過去に得た空間経験を心のなかでリプレイするというものだった。二人の目を引いたのは、睡眠中のラットの場合とは異なり、覚醒時のラットがリプレイする経験は「可逆的」ということだった。睡眠中、空間配列は最初に経験したときと常に同じ順序で再現される。たとえば、元になる経験でX-Y-Zという経路をたどっているのなら、眠っているときもX-Y-Zという順番のままリプレイされるわけだ。だが覚醒時、特に「探索中に休憩をしているとき」、X-Y-Zという経路は、X-Y-Zだけでなく Z-Y-Xとしてもリプレイされることがある。[28] 二人はこの現象を「反転再生」と呼んだ。[29]

この発見のどこが重要なのかと思う人もいるかもしれない。だが、フォスターとウィルソンの実験のラットは、空間を一度も逆走したことはなく、順方向にしか移動しなかったのである。つまり、目覚めているときのリプレイは、過去の経験の受動的な反復にとどまらないということだ。それは、新しい経験、ありえたかもしれない経験を思い描くことを可能にする、創造的なプロセスなのである。この実験のレビューにおいて、トーマス・デイヴィッドソン、ファビアン・クルースターマン、マシュー・ウィルソンはこう説明している。「この実験結果は、再生されたルートが、［ラットが進んだ］実際の経路ではなく、現在地と関連した未来あるいは過去の可能な経路の集合を表していることを示唆している」[30]。ラットは反転再生の間に、所与のものから想像されたものへ、現実のものからありえたかもしれないものへと、モードを飛躍させるという驚くべき認知的偉業をなしとげた。これまで一度も起きていないことを思い描いたのだ。

二〇〇九年、カリフォルニア大学サンフランシスコ校の統合神経科学センターの神経科学者、マティアス・カールソンとローレン・フランクは、彼らが「遠隔再生」と呼ぶものをラットが行っていることを示し、覚醒時再生に関する理解を新たなレベルへと押し上げた。遠隔再生とは、動物が迷路内の自身の現在位置とは関係のない空間配列を再現する、特殊なかたちのリプレイのことだ。カールソンらは、迷路内の一画で休息をとるラットが、別の区画の空間配列をリプレイする場合があることを発見した。現在いる場所にその区画を思い起こさせる要素がなくても、それは生じるのだ。ラットは、遠隔再生を行っているときは周囲の環境から認知的に切り離されており、「ある場所で目覚めているときに、他の場所の経験を再生している」[31]。このとき現在の環境とリプレイとのつながりは切断され、ラットは、知覚を通じた直接のアクセスや記憶を助けるものがない状態で、過去の経験を再構築する[32]。神経学者は想像を「その場にないものに対する注目」と定義することがよくあるが、それを考慮すれば、遠隔再生は本質的に想像の行為として解するのが妥当だと言えよう。

リプレイと想像力につながりがあることをより明確に示したのが、神経学者アヌパム・グプタの研究だ。二〇一〇年、グプタはミネソタ大学の二人の専門家とチームを組んで、ラットのリプレイに関する実験に着手した。実験では複数の経路をもつ迷路を用意し、そこにラットを放した。すると、経路の分岐点でいったん停止するときに、反転再生と遠隔再生の双方を行うことが観察された。しかし、ラットが行っていたのはそれだけではなかった。過去に一度も――少なくとも実物では――経験していない空間配列も再現していることがわかったのだ。グプタらは、R135という素っ気ない名前で呼ばれる一匹のオスのラットが、それまで経験したこともなければ、存在もしていない空間配列を繰り返し再現したケースを報告している。このリプレイの構造を電気生理学的な記録を用いて分析してみたところ、ラットが再現した空間配列は、二本の現実の経路が融合した架空のものであり、現在位置から他の位置へと向かう架空の近道であることが示された。グプタらによると、このラットによる「経験にはない新しい経路の配列」の構築は、「再生の内容と過去の経験の関係が単純なものではない」ことを示唆する証拠だという。[33] リプレイは「そうだったもの」にとどまらず、「そうだったかもしれないもの」を提示する。グプタの研究チームは、この架空の経路のリプレイが、ラットに「自己投影」の能力、つまり「実際とは異なる視点から世界を意識的に探索する能力」がある可能性を示しているとさえ言っている。[34] この種の「視点獲得」は共感や心の理論に関連するもので、科学者や哲学者は、ホモ・サピエンスの独自性や優越性を擁護するために、しばしばこの能力に言及してきた。

　ここまで見てきた海馬機能の研究からわかるように、今日主流とされている心的再生の説明は、どれも一新される必要がある。心理学者や神経科学者は、二〇世紀の大半を通じて、リプレイの唯一の機能は短期記憶を長期記憶へと定着させることだと考えていた。つまり動物は、ある事象に対する認知的な統制を強化するために、その過去の事象をリプレイしているというのである。だが、この説明は不十分だ。実際、リプレイは「トールマンの認知地図の能動的な構築」にも寄与している。[35] ラットは、過去の場面――現在地に結びつく場面、結びつかない場面、経験にはない想像の場面――をリプレイすることで、自身の環境の全体的な心的表象を作り出しているのだ。ラットは、認知地図を利用して自分の行動を導く。この地図は、経験の蓄積、集積、沈殿だけを通じて作られるわけではない。経験した現実と想像した可能性のリプレイを通じて、記憶と想像を融合させることで作り出されている。言い換えれば、「再生的想像」と「生産的想像」が織りなす精緻なダンスによって、地図は描かれていくのだ。デイヴィッドソン、クルースターマン、ウィルソンが指摘しているように、あらゆる認知地図は、その核心において「想像の地図」なのである。[36]

ラットのように考え、ラットのように空想にふける

ラットは、覚醒時再生が生じているとき何をしているのだろうか？　それには二つの解釈があり、どちらも同じように魅力的に見える。

一つ目の解釈は、ラットが思考しているというものだ。ジョンズ・ホプキンス大学の神経科学者ジェイムズ・クニエリムによると、覚醒時再生のいくつかの事例は「明示的な感覚入力からは切り離されている」ため、それを思考と考えても差し支えないのだという。これについてクニエリムは、「これらの再活性化イベントは、トラックの他の部分や、現在地以外の場所で得た最近の経験に関する、ラットの

『思考』と相関している」と述べ[37]、「げっ歯類の研究で観察された、現在地とは関係のない過去の経験の表象は、まったく新しい経験を想像するという人間の海馬の能力の先駆けではないだろうか？」と付け加えている。[38]私もまったく同意見だ。ただし、クニエリムが、ラットの想像力を十全に発達した進化的現実としてではなく、人間の想像力の先駆けとしたことには物足りなさを感じている。

この第一の解釈は、繰り返し観察された発見によって信憑性が増している。いくつかの実験から、ラットの休息時間が長くなるほど、リプレイもより複雑になることがわかっているのだ。休息が数秒のときは、ラットはほとんどの場合、現在地に関連した空間配列（その瞬間にたまたまいた場所を出発点、あるいは目的地とする経路）を再現する。だが、休息が長くなると、現在地とは無関係だったり、一度も経験したことがないものなど、より複雑な認知操作を必要とする空間配列を再現するようになる。要するに、休息しているラットが自由に使える時間の長さと、ラットの心のなかで生じる踊り《ピルエット》の複雑さには、はっきりとした関係があるようなのだ。クニエリムはこの発見を、神経科学者のアダム・ジョンソンとデイヴィッド・レディッシュによる別の発見——迷路の分岐点にさしかかったときや道を間違えて修正するときなど、何らかの「決断ポイント」にいたったラットは、次の行動を決める前に一時停止して自分の選択肢について考えるという発見[39]——と対比させている。どうやらラットも、人間と同じように考えるには時間が必要であり[40]、時間が長くなるほど、思考も複雑になっていくようだ。

覚醒時再生の二つ目の解釈は、ラットが白昼夢を見ているというものだ。ローマーは『言語なき思考』のなかで、こうした言語のないリプレイが生じているとき、ラットは心のなかでさまざまな空間を視覚化しており、その結果、マインド・ワンダリングをしている、あるいは白昼夢を見ているのではな

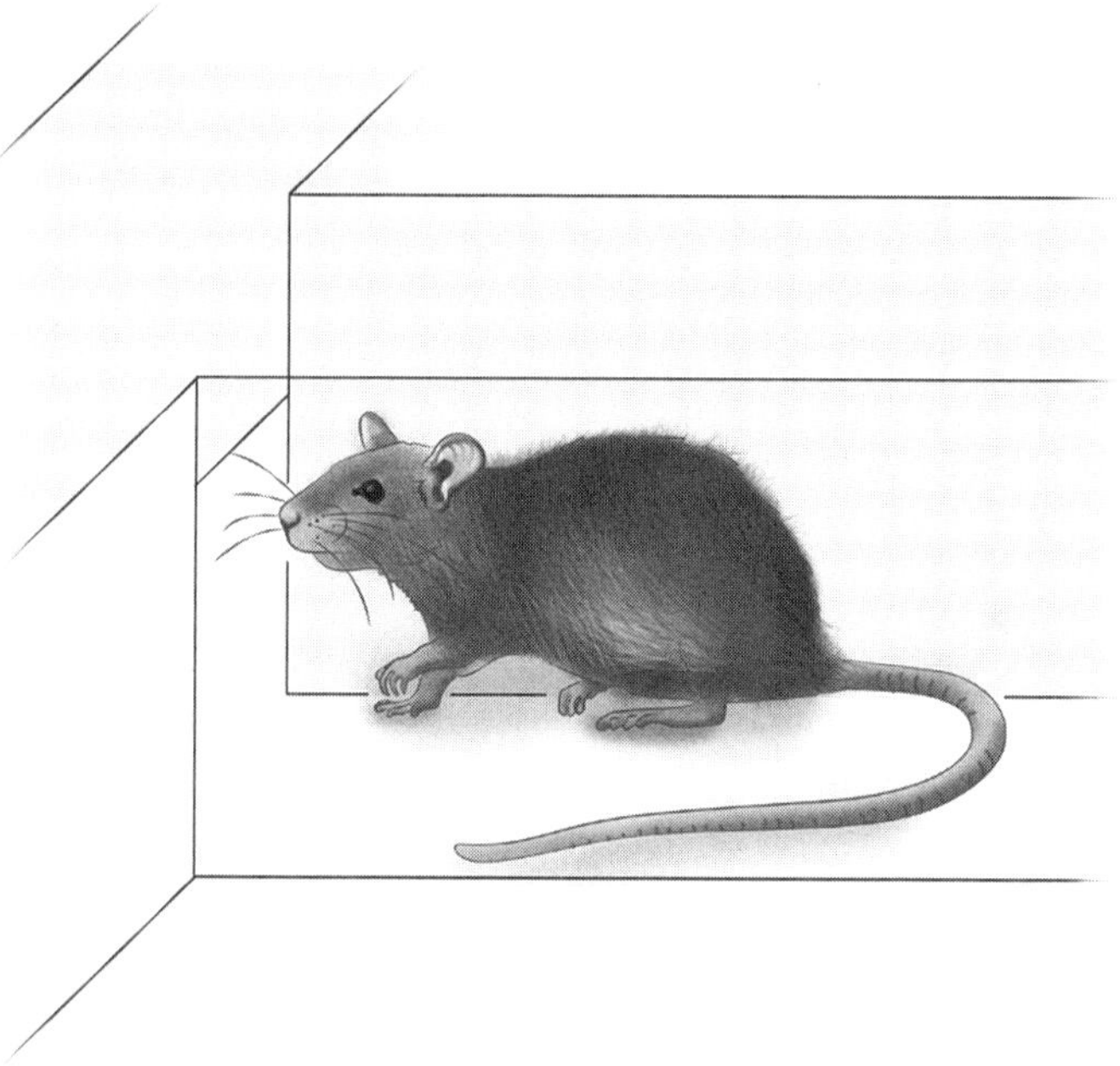

図 11　分岐点にさしかかったラットは、立ち止まって考える。そして過去の場面をリプレイし、現時点で利用可能な選択肢を評価する。神経科学者のジェイムズ・クニエリムは、ラットが立ち止まることを「思考」の時間と解釈し、哲学者のディーター・ローマーは「白昼夢」の時間と捉えた。

いか（どちらを選ぶかは言葉の定義による）と述べている。[41] 神経科学者と哲学者は、ずいぶん前から、夢と白昼夢とマインド・ワンダリングの行動面、神経面、現象面の重複部分を突き止めようと試みており、これらの心的状態が従来考えられていたより似通っていることが次第に明らかになってきた。[42] たとえば、海馬におけるリプレイのような神経認知メカニズムが、そうした状態すべてに関わっていることも十分にありえるだろう。もしそうなら、夢と白昼夢とマインド・ワンダリングの違いは、少なくとも部分的には、神経認知メカニズムが活性化したときの生物の代謝状態によって説明できるかもしれない。つまり、睡眠中に海馬のリプレイが生じた場合は夢を見て、覚醒時に生じた場合は白昼夢かマインド・ワンダリングが起こるという可能性もあるということだ。このように考えれば、海馬におけるリプレイは、想像力がさまざまな心的状態を同じカテゴリーへと束ねることを示す、もう一つの例だと言えよう。

魂の音楽

眠りながらも慌てたようにレバーを押し上げるアカゲザル、写真から果物を取り出して食べるふりをする類人猿、現実にはない通路を視覚化するラット――こうした事例を思い浮かべれば、想像力はたしかに人間的で、特有なものかもしれないが、決して人間に特有なものではないという結論にいたらざるをえない。想像力は、人類学的な現実というより動物学的な現実だ。それは動物の魂の音楽なのである。[43]

その音楽のリズム、高まりや静まりに耳をすませてみれば、動物に対する慣習的な認識や関係のあり方はきっと拡張し、形を変えていくことだろう。心理学者のトーマス・ヒルズは次のように述べている。

もし［動物が］想像する能力をもっているのなら、そんな芸当を可能にしたのは、いかなる認知システムなのかと考えざるをえない。想像する能力をもつことは、他のどんな帰結をもたらすのか？自分の未来について考えられる動物は、ある程度の自由意志を享受できるのか？　想像できる動物は、自分が想像しているということを理解しているのか？　現実と虚構の違いを知っているのか？　現実の自分とありえる自分の区別は？

これらの疑問にどう答えるか、私はその答えを知らないが、創造性と想像力を動物の特性として認めることで、ゲームのルールが変わるはずだということはわかっている。夢が想像力の地平に通じていたように、ヒルズの指摘は、想像力そのものがさらに広い地平に通じていることを示唆している。その地平では、動物が認知面、感情面において、これまで思いもしなかった奥深さをもった存在として受け入れられるが、次の章で見るように、そうした奥深さには道徳に関するものさえある。

第4章　動物の意識の価値

意識があるから、私たちはそれを通じて周囲に何があるか、何を思っているか、何を意味しているかがわかる。意識があるから、私たちは心をもつ。意識は自分や他者への関心の中心にあるものだ。それが重要でないとしたら、いったい何が重要だというのか？

――チャールズ・シーワート[1]

［意識は］人生を生きるに値するものにしてくれる。

――デイヴィッド・チャーマーズ[2]

道徳を気にかける

一九七〇年代初頭、動物行動学者のドナルド・グリフィンは、動物は心をもった存在であり、自分が置かれた環境を認識できると主張して、生命科学界に一騒動を巻き起こした。グリフィンは、『動物に心があるか』や『動物は何を考えているか』といった著作で、動物認知に関する理論を展開し、動物は外的世界を内的に表象し、それを利用して自身の環境の舵取りをしていると論じた。人間に意識が存在しているならば、他種にも存在しているに違いない、というのが彼の持論だった。[3]そして、この一見したところ単純な条件命題によって、グリフィンは認知行動学の父となり、より間接的ではあるが、「動物の心の哲学」や「動物の意識の哲学」と呼ばれる哲学の派生分野を誕生させたのである。本書がここまで示してきたのも、睡眠中——ゲイ・ルースの表現を借りれば動物の心が「独り言を言う」とき——に現れる動物の意識に着目すれば、その派生分野を発展させられるということだった。[4]

とはいえ、夢は動物意識研究の入口であるという私の主張を認めてもなお、大局的に見て、動物が意識をもつか否かが何の問題になるのかと疑問に思う人もいるかもしれない。その疑問に対する答えは、道徳に関する問題で大きな違いが生じる、というものだ。これについて哲学者のマーク・ローランズは次のように述べている。

動物の道徳的地位（moral status）を否定する手っ取り早い方法は、その精神的地位を否定することだ。つまり、動物がある心的状態の主体になりうること、あるいは、何らかの心的生活をもっていることを否定すればよい。こうした否定は、普通の人々——少なくともそれまでに動物を見たことがある人々——にとっては不条理なものに映るかもしれない。しかし、多くの著名な哲学者は、まさにこの種の否定をやっているのだ。[5]

私もまた、ローランズと同様、動物が意識をもつと論じることとは、本質的に道徳に関する行為だと考えている。なぜなら、意識を有することと道徳的地位をもつことにはつながりがあり、意識を欠いているとみなされることと想像を超えた残酷さにさらされることにも関連があるからだ。

だが、意識の存在から道徳的地位にいたるのは生易しいことではない。マーク・ベコフとデイル・ジエイミソンが正しく指摘しているように、「動物の心に関する見解から、動物の道徳的状態に関する見解へと即座に移行することはできない。そのためには両者が推論によってつながっていなければならず、それには議論が必要」なのである。[6] そこで本章では、夢の力を借りることで、そのような推論によるつながりを確立していこうと思う。夢は、それが哲学者のネド・ブロックが「現象的意識」と呼ぶもの──私はそれが生き物の道徳的地位の基礎となると考えている──の現れであるかぎり、これまで認識されてこなかった道徳的な力を備えている。夢を見る動物は、夢を見るがゆえに、道徳コミュニティの一員として、また、配慮と尊厳をもって扱われるに値する同胞として認識されなければならない。

意識と道徳

西洋の道徳理論の多くは、私たちは意識をもつ存在に対してだけ道徳的義務を負うという前提を出発点にしている。意識とは何か、どのような生命がそれをもっているのかといった問題では意見が分かれたとしても、惑星、岩石、絵画などの意識を欠いた存在に固有の道徳的価値をもたせようとする者はほとんどいない。[7] そして、意識は「特別な価値」、つまり道徳的価値をもっているという哲学者ディヴィッド・チャーマーズの見解が、ほぼ全面的に受け入れられている。

この「特別な価値」は、意識が自らを有するものに道徳的地位を与えるという事実から生じるものだ。実際、ある生き物を意識をもつ存在と認めた途端、それまで存在していただけだったものが、道徳的観点から見て重要なものに変化したように思えてくる。倫理学者のメアリ・アン・ウォーレンは、『道徳的地位──人間とそれ以外の生き物への責務』という著作のなかで次のように説明している。

道徳的地位をもつということは、道徳的に考慮されること、道徳的な身分を手に入れることだ。また、道徳の行為主体が自身の道徳的義務の対象とする、あるいは、対象としうる存在になることでもある。もしその存在が道徳的地位をもっているのならば、私たちはそれを自分の好き勝手に扱うことはできないだろう。[8]

生き物は、意識をもつことで自身にとって重要な存在となり、その結果、ウォーレンが「道徳的考慮」と呼んだものの対象となる。意識をもつことは、「何か」ではなく「誰か」になることであり、「それ」ではなく「あなた」になることなのだ。[9]

第2章の意識の分析で、意識は単純で均質な統一体ではなく、むしろさまざまなタイプをもつ複雑な現象であることを見た。このことは以下のような重要な問題を提起する。道徳的地位の付与は、どのタイプの意識が担っているのか、それとも、すべてのタイプの意識が等しくこの機能を果たしているのか？ 道徳的に重要であるためには、ただ意識があればいいのか、それとも特定の方法で意識があればいいのか？

過去二五年にわたり、小規模だが示唆に富む一連の哲学的研究がこうした疑問を発展させてきた。この一連の研究の大半は、意識を二つのタイプ、つまり「アクセス意識」と「現象的意識」に分類する、ネド・ブロックの意識の理論を出発点としていたため、結果として、二つの陣営が生まれることになった。すなわち、アクセス意識が道徳的価値の基礎だと考えるアクセス意識ファーストの立場と、現象的意識から道徳的地位が生じるとする現象的意識ファーストの立場である。この両陣営は、意識が道徳的価値の基礎になるという確信は共有しているものの、どの種類の意識がその重要な仕事を担っているのかという点では激しく対立している。のちに見るように、こうした意見の相違は、道徳的生活に対する考え方の不一致へとつながっている。具体的に言えば、一方は、認知、理性、言語を道徳的生活の中心に置き、もう一方は、そうした脳中心主義から離れて、私たちがこの世界に主観的、感情的、身体的に根づいていることを特権的に扱うアプローチを採用しているのだ。

ブロックの理論――「アクセス意識」対「現象的意識」

「意識の機能に関する混乱について」という論文は、意識の哲学ではすでに古典となっているが、そのなかでブロックは、明晰さの欠けた概念によって、意識に関する議論が頓挫していると嘆いている。意識とは何か、どこから来たのか、どう機能するのか、という疑問に対して専門家たちが合意にいたらないのは、それと気がつかず、異なるものごとについて話している可能性が大いにありうるというのだ。

この混乱を終わらせるべく、ブロックは意識を二つに分けることにした。それがアクセス意識と現象的意識である。アクセス意識とは、表象的な心的状態のことを指す。アクセス意識の内容は、幅広い認知システムで利用可能で、推論、意思決定、言語による報告などの実行機能において使われることになる。ブロックは次のように定義している。

ある［心的］状態は、その内容の表象が、①どのような推論にも適用できる、つまり、推論における前提として用いることができる場合、②理性による行為のコントロールに用いることができる場合、③理性による発話のコントロールに用いることができる場合、アクセス意識である。[10]

これは要するに、ある心的状況が「アクセス意識」と呼ばれるのは、その意識内容を私たちが合理的に考えられるとき、その内容を利用して行動を決定できるとき、その内容を言葉を媒介として他者と共有できるときである、ということだ。例を挙げよう。たとえば、廊下の突き当りにドアがあると私が考えているとする。その考えに基づいて、ドアを開けたままにすればネコが外に出てしまうと結論する（推論の実行）、ドアまで歩いていってそれを閉める（行動のコントロール）、あるいは、ドアを閉めてくれとパートナーに伝えること（言語による報告）ができる場合は、私の考えはアクセス意識だと言える。多くの場合、私たちの心的状態はアクセス意識である。

現象的意識の状態は、これよりも把握するのが難しいが、アクセス意識の状態とは二つの重要な点で異なっている。第一の違いは、現象的意識は非機能的であることだ。現象的意識は、本質的なところでは、どんな認知操作の実現とも結びついていない。推論や自発的な行動、コミュニケーションにつながることはないのである。第二の違いは、名称からもうかがえるように、その内容が表象的ではなく現象的なものであることだ。つまり、現象的意識は関連する明確な感覚はもつが、それによって外的世界にあるもの――物体、人間、場所、状況すらも――を表象することはない。私たちはある状態のなかにいるが、その状態は何か別のものについての状態ではないということだ。

ブロックは、アクセス意識と現象的意識という区別を設けた瞬間から、現象的意識を定義するのは難しい仕事になることを理解していた。というのも、機能性と表象性はアクセス意識の範疇にあるため、現象的意識の状態を、それが何をしているのか、何を参照しているのかを説明することで定義するという方法は使えなかったからだ。そこで彼は、現象的意識の事例を列挙することによって、この概念を直感的に理解してもらおうと考えた。
ブロックが提示した事例は、ほとんどが感覚の領域から集められたものだ。「見たり、聞いたり、嗅いだり、味わったり、痛みを感じているときに、［現象的］意識の状態になる」とブロックは書いている。[11] だが、それはなぜだろうか？　その答えは、色を見たり、メロディを聞いたり、匂いを嗅いだり、料理を味わったり、何らかの痛みを感じたりすることには、「質的な感覚」が伴われるからだ。いま挙げた心的状態はどれも、他者に伝えられない「生きられた質（lived quality）」をもっている（その他者が一度も経験していないことであれば特にそれが言える）。生まれつき目の見えない人に、緑色を見るとはどんな感じがするものかをどう伝えればいいだろうか？　何らかの理由で味覚の受容体や過去の味の記憶を失った人に、まだ青いバナナを食べたときに口のなかに広がる渋みをどう説明するのか？　二次元でしか世界を見られない人に、三次元で見る経験をどうやって理解してもらうのか？　哲学者のニール・レヴィは次のように述べている。

残念ながら、現象的意識の定義は不可能のように思われる。私たちにできるのは、その例を挙げることぐらいだろう。現象的意識とは、現象的に意識しているような何かがあるときの意識のことだ。ピノ・ノワールのワインを味わうような何か、『トリスタンとイゾルデ』の最初の一音を聞くような何か、太陽の暖かさを顔に感じるような、あるいは左膝に痛みを感じるような何かがある、ということだ。こうした経験はそれぞれ個別の現象的質をもっていて、それは表現不可能に思える。私たちはよく、その質を伝えるために比喩（「鈍いズキズキした痛み」、「鋭く刺すような痛み」、「豊潤な赤」など）を使う。だが、そうしながらも、会話をすり合わせるために、現象的質に関する共通の経験に頼っているように思える。[12]

これまで一度もピノ・ノワールのワインを飲んだことがない人にその味を伝えようと思えば、その説明は比喩的なもの（「そのワインは、ほぼ癖のないさらりとしたベリー系で、口のなかにタンニンが広がる」と伝えるなど）、あるいは指示的なもの（大まかなイメージがつかめるまで次々と、酔っ払うまで試飲させるなど）にならざるをえないだろう。だが、詩的な表現をどれほど見事に駆使できたとしても、私の一人称的な経験とその記述の間には必ずギャップがあるため、比喩という手段では、どうしても目的が達成できない。ギャップとはワインの味にほかならず、それは実際に飲んでみなければわからないからだ。

同じことは痛みについても言える。たとえば、私がパートナーを居間に呼び、その途中で彼が家具の角に足の指をぶつけたとしよう。そのとき私は、何が起こったのか、どこが痛いか、どれくらい痛いのか、と彼に尋ねることはできるが、その痛みは何なのか、何を表象しているのかとは、普通は聞かないだろう。痛みとは、まさにその性質上、世界の何ものも参照することのない非表象的な心的状態なのである。足をぶつけたパートナーは、何か別のものを参照する事象を経験しているのではない。そうではなく、痛みのなかにいるのだ。彼は突如として足の指に激痛を感じ、その痛みは周囲の環境から彼の注意を奪い去る。そのときパートナーの全存在は、痛みという感覚、あるいは痛みという現象学に圧倒されている。

心の哲学者ジョン・サールは『意識の神秘』のなかで、たとえば、私のパートナーが足の指をぶつけたときに、多くのこと（ニューロンが発火し、うめき声を上げ、けがの心配をするなど）が同時に起こっていたとしても、もっとも重要なのは彼が不快な感じを味わったことだと主張した。この主観的な感覚が

図 12　哲学者ネド・ブロックの意識の理論では、意識は「アクセス意識」と「現象的意識」に分けられる。現象的な意識状態は、たとえば赤ワインの味わいのような、それに付随する質的な内容をもっている。この質的な内容は、認知機能を果たすものでもなければ、事象の外的あるいは内的状態を表象するものでもない。現象的な意識状態の他の例としては、色を見ること、メロディを聴くこと、痛みを感じることなどが挙げられる。

あるからこそ、痛みは「表象的」ではなく「現象的」なものになる。というのも、たとえパートナーの痛みの経験に認知的な側面があったとしても、そこには認知処理には還元しえない何かがあるからだ。そう、パートナーは何が起こったのか、どこが痛いのか、どれくらいひどいのかを私に説明することはできても、自分の痛みを私に感じさせることはできない。この痛みは彼のものであり、私がどんなに望んでも彼の代わりにはなれない。パートナーの痛みは譲渡も計算も言語化もできないものなのだ。これについてサールは次のように述べている。「痛みの本質は、それが固有の内的な質的感覚であることだ。哲学そして自然科学における意識の問題とは、こうした主観的な感覚を説明することである」[13]

大まかに言えば、アクセス意識には心的表象と認知機能が含まれ、現象的意識には前認知的感覚と生きられた経験が含まれる。また前者には、認知器官を通じた情報の移動が含まれ、それによって、合理的な思考、行動の制御、言語表現が可能になる。一方後者は、機能的、表象的には不活性だが、現象的、経験的には豊かな状態にあるという生《なま》の感覚である。痛みを感じているとき、私は世界のある側面を表象しているのでも、複雑な認知機能を実行しているのでもない。そのとき私は経験を生きている。身体的な激しさの経験を生きているのである。ピノ・ノワールのワインを飲むとき、庭で風にそよぐ葉の音を聞くとき、近所の下水から漂う嫌な臭いを嗅ぐときにも、これと同じことが言えるだろう。

だが、このようにブロックの理論の基礎部分について論じていると、本書の趣旨とは関係のない別のアカデミックな論争に巻き込まれてしまう恐れがある。そこで、そろそろ本題に戻り、ブロックの理論が道徳的価値の議論に与えたある影響について考えていこう。ブロックが意識を二種類に区別したことで、道徳的地位を得るにはどちらの意識が必要なのかという問題に多くの研究者が頭を悩ませることになった。私たちが道徳的に重要だと言えるのは、認知機能がそれにふさわしいレベルに達したからなのか、それとも、ふさわしい現象学的特質をもつようになったからなのか？　重要なのは合理性なのか、生きられた経験なのか？　アクセス意識なのか、現象的意識なのか？

道徳的地位の座にある現象的意識

まず、私の立場をはっきりとさせておこう——私は現象的意識こそが道徳的地位にとって重要だと信じている。私の考えでは、生物が道徳の庇護下に置かれるのは、その生物が合理的に考え、自発的に行動し、言語による報告を行う能力をもっているからではない（ブロックの説明によると、これらはすべてアクセス意識の特徴である）。重要なのは、生物が世界を現象的に経験している、つまり、世界を感じ、知覚しているという事実なのだ。

心の哲学と倫理の関係の専門家であるチャールズ・シーワートも、この見解に同意しており、哲学的な思考実験を用いて自分の立場の正当性を訴えている。シーワートの思考実験は次のようなものだ。あなたにゾンビになる選択肢が与えられたと想像してほしい。ここで言うゾンビとは、機能的にはまったく変わらないが（つまり、これまでと行動は何一つ変わらず、周囲もあなたがゾンビになったことに気がつかない）、現象学的特質が完全に欠如した（つまり、周囲の環境に対する意識をもたず、X、Y、Zを行うのがどういうことかという感覚もない）存在のことである。言い換えれば、ゾンビのあなたの見かけやそぶりは完全に同じで、親友ですら本物のあなただと思うほどだが、一切の内面生活がなくなっている。ワインを飲んで酔ったふりはできても、ピノ・ノワールの味はわかっていないし、家具に足の指をぶつけて悶絶するふりはできても、激しい痛みを感じることはない[14]。

どれほど魅力的な条件を出されたとしても（たとえば大金を積まれたとしても）、この選択肢を受け入れてゾンビになってやろうと考える者はいないだろう、とシーワートは断言する。というのも突き詰めて考えれば、私たちは、意識をもつことで働くようになる認知機能だけではなく、意識をもつこと自体に価値を置いているからだ。私たちは、周囲の環境を現象的に意識している感覚、生きている感覚、五感を通じて世界を捉える感覚を大切にしている。現象性は、私たちが誰か（何か）という問題の根本にある要素なので、簡単には手放せないものなのだ。したがって、「そうすれば、もう痛みとも悲しみとも無縁になれるのだから、ゾンビになるのはいいことずくめじゃないか」と言われても、大部分の人は「そこが問題なんだ！　たしかにゾンビになれば痛みは感じないが、それは何も感じなくなるからで、そこには何の価値もない。痛みや悲しみが束になって押し寄せてきたとしても、何も感じないよりは感じた方がましだ」と答えることだろう。シーワートは、私たちは誰しも、共感を受けるにふさわしい存在になるには、この世界に主観的、身体的、感情的――まとめて言えば現象的――に根をおろす必要があることを心の奥底で感じているのではないか、と述べている。世界に根をおろすことは、私たちに道徳的な価値を与えてくれる。そうして私たちは道徳的地位を得る[15]。

シーワートの立場は、二つのレベルに分けて考えることができる。第一は、そもそも現象的意識そのものに価値があるというものだ。現象的意識をもつことは、たとえそれが痛みや苦しみを味わう可能性をもたらすとしても、本質的に良いことなのである。第二は、私たちは現象的意識があるからこそ道徳的価値をもつというものだ。ゾンビになるという仮定が恐ろしいのは、そうなってしまえば、道徳的価値がなくなってしまうはずだからである。たんなるゾンビの私たちは、現象学的特質を奪われ、ひいては道徳的価値も奪われる。私たちは、社会的に価値の高いものを失うことを恐れるが、それ以上に、自分自身の価値や、道徳的に扱われるべき存在としてのアイデンティティを喪失することを恐れている。

この二つのレベルに、哲学者ジョシュア・シェパードの仕事に触発された第三のレベルを加えることもできるだろう。[16] 現象的意識は、私たちが価値を置くと同時に、私たちに価値を与えてくれるものだった。だが、それはまた、そもそもの前提となる価値づけという行為を可能にするものでもある。つまり生物は、現象的意識をもつことによって、本来価値が中立であるはずの宇宙に新たな価値を注入できるようになる。[17] 反対に、現象的意識をもたない生物は、世界における生きられた経験も、「今、ここ」という感覚も、何が良くて何が悪いかという感覚も得ることができない。そうした生物は、たとえ多彩な認知機能を発揮できたとしても、決して価値をもたないだろう。現象性の足がかりがないため、価値づけのための根拠も、選好、興味、欲望を育む土台もないからだ。そのような生物に、あるものを他のものより好きになる衝動はない。そして、そのような生物しか存在しない宇宙には、価値を与える主体はおらず、よって価値を与えられる対象もない。まったく価値のない宇宙なのである。

ここで哲学的に注目すべきなのは、道徳の領域では現象的意識はアクセス意識に優先するということだ。なぜなら、現象的意識は、その存在だけで道徳的地位を与えるものだからだ。アクセス意識は、私たちの生活に認知面、行動面での複雑さをもたらすかもしれないが、道徳的地位の源ではない。道徳的価値の調整をすることはあっても、それを生み出すことはできない。そうしたことができるのは現象的意識だけなのである。

アクセス意識ファーストのアプローチ——議論の裏側

歴史的に見て、西洋の哲学者、とりわけ道徳理論の専門家たちがアクセス意識の機能を偶像化してきたのは、周知の事実だ。彼らにとって、私たちが道徳的に守られる資格をもつのは、人間が合理的に考え、合理的に行動し、言語を用いてコミュニケーションをとる生き物、すなわち、アクセス意識をもつ生き物だからにほかならない。アクセス意識がなければ、私たちには道徳的価値などなく、「あなた」ではなく「それ」と呼ばれていたことだろう。

道徳的地位にとってアクセス意識がもっとも重要だとするアクセス意識ファーストのアプローチには二つの見解がある。一つは「帰結主義的見解」で、もう一つは「義務論的見解」だ。それぞれについて見ていくことにしよう。

帰結主義的見解

帰結主義は道徳理論の一派であり、一般に、幸福の最大化と苦痛の最小化を道徳生活の最高善とみなし、世界の幸福の総量をどれほど増幅または減衰させるかによって人間の行為は評価されるべきだと考えている。とはいえ、幸福をもたらすものはたくさん存在している。では、帰結主義者はそれらにどうやって優先順位をつけるのだろうか？　この問題に関してはさまざまな立場がある。たとえば快楽派は、重要なのは快と苦だけだと主張し、選好派は、すべての快が同等のわけではなく、それらを順位づけすることが道徳哲学の役割の一つであると強調する。[18]

歴史的に見れば、ジョン・スチュアート・ミルなどの帰結主義者は、次のような認知主義の公式を用いて快を順位づけている。すなわち、感覚と強く結びついた快（バラの匂いを嗅ぐ、うたた寝から心地よく目覚める、ビーチでの日光浴など）よりも、複雑な認知プロセスを要する快（芸術を鑑賞する、友情を育む、才能を磨く、新しい知識の獲得など）を「高位」に位置づけよ、という公式だ。ミルの『功利主義』にもこの公式は見受けられ、そこで彼は、たとえプッシュピン遊び（一九世紀に流行した、ピンをはじく子供の遊び）が詩を読むのと同じくらい大きな快をもたらしたとしても、それでもなお、詩の方が知的なのだから、プッシュピン遊びより詩が客観的に「高位」の善だと言わねばならない、と主張している。このミルの主張は、プッシュピン遊びと詩が誰かを等しく幸福にするのであれば、功利主義的観点から見て、どちらも等しく善であるとしたジェレミー・ベンサムとは対照的である。[19]

このことがブロックの意識の理論とどう関連するのだろうか？　最近、イギリスのオックスフォード神経倫理学センターに所属する哲学者の一グループ（特にガイ・カハネ、ジュリアン・サヴァレスキュ、ニール・レヴィ）が、選好帰結主義に根ざした議論を用いて、アクセス意識ファーストのアプローチを擁護している。彼らは、色を見たり、メロディを聞いたり、身体的な快を感じたりなど、現象的意識によって可能になる経験に価値があることは認めている。だがその一方で、「満足した豚であるよりも不満足な人間である方がましであり、満足した愚者であるよりも不満足なソクラテスの方がいい」というミルの有名な言葉に触発されて、先に見た現象学的善に対する私たちの選好は、新しいものごとを学ぶ、難問を解決する、合理的な推論をする、友情を育む、他者と交流するなどといった、アクセス意識がもたらす善に対する選好に比べると弱々しいと主張している。現象的意識とアクセス意識のどちらかを選ばなければならない場合、後者を選ぶだろうし、また選ぶべきだと彼らは述べている。なぜなら、認知的アクセスがない人生は、生きるに値しないからだ。繰り返すが、これらの哲学者は、現象的意識を失うのが不幸であることは否定していない。彼らが述べているのは、アクセス意識を失うのはそれとは比べものにならないほど大きな悲劇であり、道徳の破滅につながるということだ。[20]

彼らの立場に私は反対である。誤解のないようにはっきりさせておけば、認知的アクセスは、それをもつ人にとってきわめて重要なものだ。私だって、新しいものごとを学ぶのは楽しいし、才能を伸ばしたり、友人と充実した時間を過ごしたりする楽しさもわかる。意思に反してそれらの楽しみを奪われたら、きっと苦しむことだろう。とはいえ、ここで問題になっているのは、そうしたことに価値があるか否かではなく、それが道徳的地位の根拠になるか否かである。いま挙げたようなことは、それがなければ道徳的地位もないと言えるほど重要なものだろうか？　アクセス意識ファーストの理論家たちは、その答えはイエスだと思っている。彼らの目には、アクセス意識をもたない生き物は道徳的に意味のない存在に映っている。そうした生き物に道徳性は適用されないのだ。

私はこの主張には道徳的に厄介な問題が潜んでいると考えているが、不思議なことに、こうした主張をする人たちはその点をまったく意に介していないようだ。人間のように高度な認知能力はもっていないが、快や苦を感じることのできる動物の道徳的地位について、彼らはどう考えているのだろうか？　彼らの答えは単純なものだ――動物はアクセス意識をもっておらず、それゆえ生存権もないというのである。[21]　周囲の世界を最小限しか意識しない植物状態の患者はどうだろうか？　その答えも単純だ――アクセス意識がない人間には、道徳的義務は発生しないというのだ。[22]　それでは、脳の損傷のためにコミュニケーションはとれないが、自然環境や社会環境は意識している患者は? 見解を誤って伝えていると批判されないように、カハネとサヴァレスキュ自身にその答えを言ってもらうことにしよう。「そうした患者の生命を絶つことは、認められるだけではなく、道徳的に必要でもあるかもしれない」[23]。引用を間違ったわけではない。彼らはたしかに、脳に損傷を受けた人を殺すことは、道徳的に許容されるだけでなく、必要なのだと述べている。どういうわけか、彼らを殺さないのは間違っているというのだ。

道徳的地位があれば他者から好き勝手に扱われなくなるという、ウォーレンの主張を思い出してほしい。もっともサディスティックな虐待、もっとも無分別な残虐行為から私たちを守ってくれる、最初で最後の砦が道徳的地位なのだ。道徳的地位を認知の問題に帰着させることで、アクセス意識ファーストの理論家たちは、彼らが考えた認知の要件を満たす存在に白紙委任状を渡していることになる。つまり、彼らの要件を満たしていない存在——認知能力に障害をもつ人、脳に損傷を受けた人、人間以外のすべての動物——を、命をもたない物体と同等に扱っていいという委任状だ。そのとき私たちは、そうした存在を利用し、酷使し、ときには壊してしまうことだろう。彼らは認知的アクセスが道徳的生活のすべてであり、終着点だと考える。あるレベルの認知的パフォーマンスに達しない者は使い捨てにされるという、道徳的に忌まわしい考え方に身を投じているのだ[24]。

アクセス意識を第一に考える研究者たちは、オリバー・サックスの有名な患者、P氏を思い出させる。P氏は、抽象的なものや図式的なものしか見ることができず、具体的なもの、生きているものを理解できなかった。アクセス意識ファーストの擁護者たちもまた、人間の認知にあまりに強固に囚われすぎて、その認知の土台となる前認知的、前言語的な基盤を忘れてしまっているようだ。彼らは、フランスの実存主義者モーリス・メルロ＝ポンティが生きられた経験の「土壌」と呼んだもの、つまり、理性や概念や言語が入ってくる前の世界との関係を忘れている、あるいは（意地悪く解釈すれば）抑制しているのである。[25]

ジョシュア・シェパードは『意識と道徳的地位』のなかで、現象性の価値をおとしめてまで認知を高尚なものにしてしまったとして、アクセス意識ファースト論者たちを強く非難している。彼は、あらゆる意識状態が私たちの存在に価値を与えることは認めつつも、私たちに「魂を吹き込む」のは、ブロックが主張するようなアクセスを与えるものではなく、私たちを現実と直接交わらせるもの、たとえば、喜びを経験すること、上機嫌でいること、痛みを感じないこと、心の安寧に浸ること、足元に寄せては返す波を感じること、朝日を眺める至福を味わうこと、平穏な夜の静けさに身を委ねることなどだと考えている。シェパードは、ウィリアム・ジェイムズの一八九九年の講演録「人間のある盲目性について」から以下の箇所を引用している。

戸外の空気を吸い、大地を踏みしめて暮らしてみると、一方に傾いていた天秤がゆっくりと元に戻り、過剰だった感覚と無感覚が自然と均されていきます。人為的な計画や熱意は、すべてその面白さを失っていき、それに代わって、見たり、嗅いだり、味わったり、眠ったり、自分の身体を使って大胆に行動することの面白さが、次第に大きくなっていくのです。我々は、野蛮人や自然児を見かけると、自分の方が数段優れていると思いがちです。しかし、いま述べた方面については、我々であれば死人同然になることが多いのに、彼らの方は実に生き生きとしているものです。もし彼らが我々のようにやすやすと文章を書けたのなら、我々が向上のために日々焦り、生活の基本的な、昔から変わるとのない面白さに対して盲目であることを見抜いて、感銘深く説き聞かせてくれることでしょう。[26]

私たちの道徳的地位は、私たちが世界——感覚、感情、情動が果てしないダンスのなかで互いに入り交じる場所——と根源的に結びついていることから生じる。世界とのこの結びつきは、経験の内側にあって認知の手は届かないが、理性の抽象化と言語のスキーマを取り除いたあとに残るものだ。それは、私たちの道徳および存在の基盤なのである。

義務論的見解

幸福の最大化が道徳的に重要だとする帰結主義者とは異なり、義務論者は、他者の尊厳を無条件に尊重することこそがもっとも重要であると説く。彼らによると、道徳的に曇りのない生活を送るには、他者を「目的を達成するための手段」ではなく「それ自体を目的」として扱い、その基礎的な尊厳に敬意を払うことが欠かせないという。

残念ながら、義務論者には、尊厳の根拠を合理性に求め、道徳的地位を認知の機能に関連づける傾向がある。たとえばカントは、『道徳形而上学の基礎づけ』のなかで、私たちの尊厳は「合理的性質」に依存しており、合理的な存在のみが道徳的な尊重に値すると述べた。現代のカント派の多くもこの見解に共鳴し、私たちの道徳的価値は現象性（生きられた経験）ではなく認知的アクセス（合理性）にあるとする、アクセス意識ファーストの解釈を信奉している。[27]

哲学者のユライヤ・クリーゲルは、こうした動きに釘を刺し、カント派の意見に従ってアクセス意識ファーストの道を歩み怪しげな結論に達してしまう前に、よく考えてみるべきだと主張する。クリーゲルは「尊厳と、認識 - 尊重の現象学」と題した論文のなかで、ある思考実験を用いて、義務論的アプローチの矛盾を明らかにしている。思考実験では、道徳的地位に値する二つの架空の候補が提示され、どちらが道徳的に尊重されるべきかが問われる。その候補の一つが「天気読み」だ。

天気読みは、意識と感情をもつ生き物だが、行動することは一切できない。……それは棒状の生き物で、微動だにせず、地面にしっかりくっついているが、それでも周囲の温度を感じ、それを気にし、大きな関心をもっている。また、暖かい気候が好きで、毎朝そうであればよいのに思い、実際に暖かければ喜ぶし、そうでなければがっかりする。このように、天気読みは基礎的な知覚、認知、感情生活を営んでいるが、決定的に重要なことに、行動を起こす能力が欠けている。その結果、意思の機能が衰えてしまったと言えるかもしれない。つまり、決定、意図、選択という状態をまったく経験しないのである。[28]

もう一つの候補は「自律ロボット」だ。

反対に、この世界には目的設定型のロボットやゾンビが存在しているとしよう。私たちの行動の多くが無意識のうちに引き起こされているのは間違いのないところだが、このことからは、私たちには自分が意識していない多くの目標や目的（ここには究極の目的も含まれるだろう）があると言えそうだ。ここで、どのような目標も決して意識しない存在を思い浮かべてみてほしい。当然のことながら、そうした存在の内面生活に意識を見つけることはできない。また、その存在は、感情や気分、思考過程、身体的感覚、知覚的感覚を一切経験しない。にもかかわらず、その意識を伴わない存在の生活は、私たちの生活のコピーと言えるほど安定しているため、目標志向的な、分別のある行動をとることができる。[29]

二つの候補の違いは一目瞭然だ。天気読みは、周囲の環境に対して主観的、感情的経験をもっているが、認知機能は働いていない。つまり、現象的意識はもっているが、アクセス意識はもっていない。一方の自律ロボットはその正反対だ。ロボットは、既存のアルゴリズムに基づいて決定を下すため合理的で論理的だが、イギリスの哲学者ゲイレン・ストローソンが「心的現実」と呼ぶものを欠いている。[30]言い換えれば、アクセス意識はもっているが、現象的意識はもっていないのだ。

では、天気読みとロボットのうち、真の「カント的高位者」はどちらなのか？　クリーゲルによると、この思考実験における高位者は天気読みである。なぜなら、天気読みは知覚をもつ存在であり、世界を気にかけ、世界に対する視点と感情的な関心を持ち合わせているからだ。それに比べれば、自律ロボットは内的生命をもたない機械である。ロボットは感情をもたない。栄えることも、苦しむことも、憧れることもない。生きることも死ぬこともない。あらゆる現象性から遮断されたロボットは、まさに歴史的に動物とみなされてきたものであり、ベルクソン流の「生の躍動《エラン・ヴィタル》」をもたない、機械仕掛けの、人が自由に組み立て、分解し、再び組み立てられる無生物なのだ。道徳哲学の高度な訓練を受けていなくても、道徳的な観点から重要なのは天気読みであることは理解できるだろう。

残念ながら、アクセス意識ファーストの擁護者はこうした答えにたどり着けない。アクセス意識を道徳的地位の根拠とする人たちは、①天気読みはアクセス意識をもっていないので、手段として使うことが道徳的に許容され、②自律ロボットは自己を律することのできる理性的存在なので、手段として使うことは道徳的に許容されない、と主張するほかない。しかし、クリーゲルが言うように、ロボットの「なかには誰もいない」[31]ことを考えれば、この立場は道徳的に混乱したものにならざるをえない。一方の天気読みは、私たちに説得力をもった道徳的要求をする、知覚をもった存在である。地面に張りついてはいても、私たちの道徳的な呼びかけに応えてくれるのだ。

グリーゲルは、より良い未来を希求する動物よりも「現代のルンバ」[32]の方が高い道徳的価値をもちうるという見解には到底我慢できず、こうした見解は誰も、当のカントですら、受け入れられないだろうと考えた。もしカントが啓蒙主義の最盛期にこの素敵な天気読みに出会っていたら、おそらく自分の立場を微調整して、道徳的に考える（道徳の主体となる）には理性が必要かもしれないが、道徳的地位をもつ（道徳的考察の対象となる）には理性は必要ないことを明らかにしたはずだ。[33]クリーゲルは、この架空の可能性に沿って、カントの道徳哲学の論理構造を次のように再構成している。

1　ある行為が道徳的に正しいとされるのは、高位者（尊厳をもつ生物）を手段ではなく、目的として扱う場合のみである。
2　高位者とは、現象的に意識する生物のみを指す。したがって、
3　ある行為が道徳的に正しいとされるのは、現象的に意識する生物を手段ではなく、目的として扱う場合のみである。[34]

この再構成では、認知ではなく、現象性がある種の力仕事をしている。現象性が、共感を受ける者として誰がふさわしいかを決定しているのだ。標準的なカント派であれば、合理的な認知を重視するあまり、この再構成は見当違いなものだと非難するかもしれない。だがクリーゲルは、喜びや希望、失望といった感情を経験する生き物よりも、生命をもたないロボットの方が道徳的に優先されるという覚悟がないかぎり、存在における認知の層だけが道徳的価値をもっているとする道徳理論は捨てるべきだと指摘している。

重要なことはもう一つある。クリーゲルは、道徳的地位の基盤を、彼が世界の現象的経験の特徴としてもっとも重要だと考えているもの、すなわち、他者へのアクセス不能性、絶対的な「私のものの性(mine-ness)」に置いた。私が他者の現象的経験を使用することができないように、私の現象的経験を使用することは誰もできない。このように私たちは他者の現象的経験の内容にアクセスできないのだが、そのアクセスできないというありように関してはアクセスが可能である。言い換えれば、たとえば私が他者に出会うとき、私はすぐに、その人の内面生活にはアクセスできないことを直感的に理解し、その人が意識をもっていることを意識する。それによって、その人のことを道徳的に侵すべからぬ存在として、また、もっとも厳粛な道徳的敬意を受けるべき存在として認識するようになる。[35]

これについてクリーゲルはごく平凡な例を挙げている。私がカフェに入って周囲を見回したとしよう。すると私は、壁にかかった絵画、奥の方に座っている男性、エスプレッソマシーン、消火器、ボードのメニュー、テーブル、椅子など、ありとあらゆるものを知覚することになるだろう。こうしたものはすべて私の知覚の場の住人なので、太陽を周回する惑星のように私のまわりを回っている。だが、そのなかにただ一つだけ、他とは決定的に異なる存在がある。それはカフェの奥に座っている男性だ。たしかにその男性は、彼の目の前にある消火器や彼の背後にある絵画と同じく、私の知覚の対象である。ところが、男性は周囲の無生物とは違って、二重のアイデンティティをもっている。つまり、私の知覚の対象であると同時に、彼自身も知覚する主体なのである。男性は私を周回する惑星でありながら、「自分自身を周回する一群れの星を引き連れた」太陽でもある。[36] 現象学的に言えば、彼が私を周回するように、私もまた彼を周回しているのだ。

　クリーゲルの主張の核心は、私がいついかなるときも「向こうに座っている男性は『誰か』だろうか『何か』だろうか、太陽だろうか惑星だろうか？」と自問することはない点にある。カフェに足を踏み入れて男性を見るやいなや、私はその人の熱を感じる。疑うよりも先に熱を感じるのだ。クリーゲルは、間主観性の構造についてこのように主張することで、マックス・シェーラー、ルートヴィヒ・ウィトゲンシュタイン、エーディト・シュタイン、モーリス・メルロ＝ポンティ、エマニュエル・レヴィナスなどの現象学者の長い伝統に従ったことになる。こうした思想家たちは、他者の道徳的地位は論理的に判断されるものではなく、ただそういうもの《スイジェネシス》として知覚されると考えていた。[37] 笑顔だと喜んでいる、眉を寄せると怒っているなど、私たちは表情のなかに感情を見つける。それと同じように、道徳的地位は対象の世界でのあり方に見つかるのだ。感情と同様、他者の内なる光もまた推論するものではない。知覚するものだ。そして、この知覚は共感の根である。ある見方からすれば、共感そのものとも言える。共感の定義で私が気に入っているのは、ドイツの哲学者エーディト・シュタインが一九一七年の『共感の問題について』で述べた簡潔なものだ。その定義は「ある意識が他の意識を知覚する様式」というもので、これはクリーゲルの見解とも一致している。

ところで、カフェの男性を道徳的に特別な存在だと感じさせているのは、彼がもつどの要素なのだろうか？　それは男性の身体で、私が解剖学的に自分と同じだと思っているからだろうか？　それは男性の顔で、私の脳がそれを人間として、見慣れたものとして認識するように進化してきたからだろうか？　あるいはそれは男性の言葉づかいで、私がそれを道徳的価値の証拠と読み取ったからだろうか？　いや、答えはそのどれでもない。男性の尊厳に対する敬意が生じるのは、彼の経験には決してアクセスできないこと、彼の内面世界を存在論的な行き止まりとして経験せざるをえないことが理由なのである。カフェの男性は、私から逃れつづける宇宙、「併合に抵抗する」無限を胸に抱いている。[38] カフェに足を踏み入れ、店の奥に男性を見つけたとき、私は自分が壊せない閂《かんぬき》、開けられない金庫室の前にいることを即座に理解する。この抵抗こそが男性の尊厳なのであり、私はその尊厳を経験したことで、彼に対する道徳的な責任を負うことになるのだ。

直感に反するように聞こえるかもしれないが、クリーゲルによると、現象性が道徳的価値の土台となるのは、現象性を満たす「存在」を通じてではなく、現象性につきまとう、あるいはそれを構成する「不在」を通じてのことなのだという。他者にまつわる積極的な何かが、その他者に対する私の経験に提示されるのではない。私の経験に提示されるのは、積極的な「提示不能性」、つまり意識であり、他者がそのようにあるというほとんど不条理な事実なのである。

夢がもつ道徳的な力

夢は、私たちのもっとも私的な秘密を守ってくれるもの、ひいては裏切る力をも有したものとして、昔から解釈されてきた。たとえば、プラトンは『国家』で、夢のなかでの「不自然な欲望」の解放について警鐘を鳴らしているし[39]、アウグスティヌスは『告白』で、眠っているときに訪れる卑しむべき姦淫の夢に苦悩している。アウグスティヌスは、全能の神から見て、罪の夢を見ることはそれ自体が罪なのかと思い悩んだのである。その一五〇〇年後、ヘンリー・デイヴィッド・ソローは、夢によって自分の本当の道徳的性格が明らかになるのではないかと考えた。ソローは『コンコード川とメリマック川の一週間』で次のように書いている。

夢のなかで私たちは、起きているときに見る他人よりもはっきりと、裸の自分、本当の気質をあらわしている自分を見る。しかし、揺るぎない、威厳ある美徳は、もっとも幻想的でおぼろげな夢でさえ、その常に油断のない権威を尊重するように強いるだろう――「そんなことは夢にも思っていなかった」と思わず言うことがあるように。私たちの本当の生活は、夢のなかで目覚めているときに現れるのだ。[40]

アウグスティヌスは、自分に降りかかる「出来事」(性行為をする夢を見るなど)と、意識的に起こす「行為」(性行為をするなど)を区別することで、自身のジレンマをなんとか回避することができた。一方のソローは、地獄という概念にそれほど恐れを抱いておらず、それゆえアウグスティヌスとは正反対の結論に達した。ソローによると、夢のなかで行った行為は、起きているときに培った慣習を反映しており、間違いなく自分の人格の延長線上にある。夢のなかで起きることは、その人の道徳心の尺度であり、「人格の試金石」なのだ。[41]

夢の道徳性に関するこれらの見解は、思想史の観点から見て興味深い。だが一方で私には、プラトン、アウグスティヌス、ソローの三人が間違った方向からこの問題に取り組んでいるように思える。違いはあっても、彼らは皆、夢の道徳的な力がその内容に宿っており、この力を使いこなすには、その内容を「道徳的」か「非道徳的」かのどちらかに判断すればよいという前提のもとに行動している。この点で、彼らは間違っていた。夢に道徳的な力があると考えるのは正しいが、その力が夢の内容に宿っていると仮定するのは間違っている。私にとっては、この力は別のところに、つまり、夢と現象性の間の要素的な結びつきに存在する。本章ではすでに、現象性が道徳的価値が宿る場所であること、つまり、現象的に意識された心的状態がそれを経験する生き物に道徳的地位を与えることを見た。そこで次は、夢を見ることがそうした現象的状態であることを論じよう。実のところ、夢を見ることこそが現象的状態である可能性は非常に高い。それゆえ夢は、道徳的力にあふれているのだ。

現象的状態としての夢

ブロックは一九九五年の論文で、現象的内容は充実しているが認知的にアクセスできない意識状態の事例を見つけることで、現象的意識がアクセス意識から独立していることを立証しようとした。そして論文では、そうした「純粋な」現象的状態が、認知心理学者のジョージ・スパーリングが一九五〇年代後半に行った部分想起《パーシャル・リコール》実験の被験者の経験のなかに見つかったとしている。[42] スパーリングの実験に対するブロックの解釈に異論はない。だがブロックは、純粋な現象性に対するそれよりも明白で説得力のある事例を見逃しているのではないか。つまり夢のことを忘れているのではないかと私には思える。夢は、認知的アクセスを遮断しながら現象的内容を私たちに提示する心的状態だ。私たちは夢のなかで、ブロックが現象的意識と結びつけた主観的状態（映像、音、匂い、痛み）をすべて経験する。そのとき、アクセス意識を規定する実行機能（合理的思考、行動のコントロール、言語による報告可能性）は伴われない。

認知科学の哲学者ミゲル・アンヘル・セバスチャンは、夢を認知的アクセスを排した現象的経験とみなすこの解釈のもっとも積極的な支持者だ。セバスチャンは、神経科学的な側面に着目し、夢を経験しているときの主観レベルでは「自発的なコントロールと反省的思考」が著しく低下しているが、それと整合するように、神経レベルでは、認知的アクセスを引き起こす脳の領域の活動が著しく低下していると説明している。[43] その脳の領域とは、背外側前頭前皮質（ｄｌＰＦＣ）のことで、計画や戦略を立案する、注意を払うなど、高レベルの認知機能に不可欠だと考えられている。ｄｌＰＦＣはまた、ワーキングメモリ（作業記憶）――対象から注意をそらすことなく、その対象の情報を一時的に蓄え、操作することを可能にするもの――の重要な構成要素でもある。よってこの領域は、アクセス意識と密接に関係しているように見える。だが、夢を見ている間はｄｌＰＦＣは遮断されており、そのため、通常の夢を見るには必要不可欠なものではないと考えられる。セバスチャンは、「夢――意識の認知的理論と非認知的理論の間で交わされる議論を終わらせるための経験的方法」において次のように述べている。

夢を見るのはもっぱらレム睡眠中だというのは一般的な認識である。この睡眠段階では、一部の脳領域、特に辺縁系が、目覚めているときよりも活発に活動している。大脳皮質では、前帯状皮質や頭頂葉など、扁桃体から強い入力を受ける領域も活性化しており、これは夢が非常に感情的であることの裏づけとなっている。対照的に、前頂葉皮質の残りの部分、楔前部、後帯状皮質はさほど活発に活動していない。我々の目的にとって興味深いのは、dlPFCが（覚醒時と比較して）選択的に不活性化されていることだ。……認知的アクセスにおけるdlPFCの役割を考慮すれば、睡眠中に他の脳領域がそのdlPFCの役割を肩代わりするとは考えにくいため、これらの結果は、レム睡眠では認知的アクセスが失われていることを示唆している。しかし、我々はレム睡眠中に夢を見る。このときに被験者を起こして夢を見たかと尋ねると、八〇パーセント以上から肯定的な答えが返ってくる。だとすれば、夢とは意識的な経験なのではないだろうか？[44]

たしかにそうだ。実証的な証拠が示すように、通常の夢は、アクセス意識を伴わない現象的意識の経験である。[45]ただし、明晰夢は唯一の例外である。明晰夢を見ているとき、dlPFCは夢の生成プロセスに再び動員され、自発的なコントロールと反省的思考の主観的経験が突如として上昇するようになる。[46]覚醒‐睡眠‐夢のスペクトルにおいてdlPFCがどのように機能するかについては、すでにしっかりとした論理がある。アクセス意識があるときには「オン」になり、現象的意識しかないときには「オフ」となるのだ。このことからセバスチャンは、dlPFCには現代の神経科学の聖杯――アクセス意識との神経相関――が隠されているのではないかと推測している。

ブロックは、理論的にはアクセス意識と現象的意識は分離可能だと考えたが、実際に夢を見ることで分離するため、その考えは正しかったと言える。夢は、「現象的意識が認知的アクセスから独立していること」を示す「純粋な」現象性の発露だ[47]。そしてまた、それを見ている人に、認知の制御を排除した経験の活躍の場を与えるものでもある。一方で、この知見によって欠点が明らかになった学問分野が二つある——意識経験と実行的認知を同一視する意識の認知主義的理論[48]と、哲学の領域でそれと同様の考え方をする心の高次理論だ[49]。この二つの理論はどちらも、あらゆる種類の意識経験はアクセス意識に立脚していると仮定するものである。だが、夢の研究からは、一部の意識状態が現象的意識のみに依存していることが明らかにされている。

道徳的地位

ここで、今まで見てきた議論をまとめることにしよう。体系化すると次のようになる。

前提1　道徳的地位の基礎にあるのは現象的意識である。
前提2　夢は現象的な意識状態である。
結論A　ゆえに、夢を見ることは道徳的地位をもつことである。
前提3　一部の動物は夢を見る。
結論B　ゆえに、少なくとも一部の動物は道徳的地位をもつ。

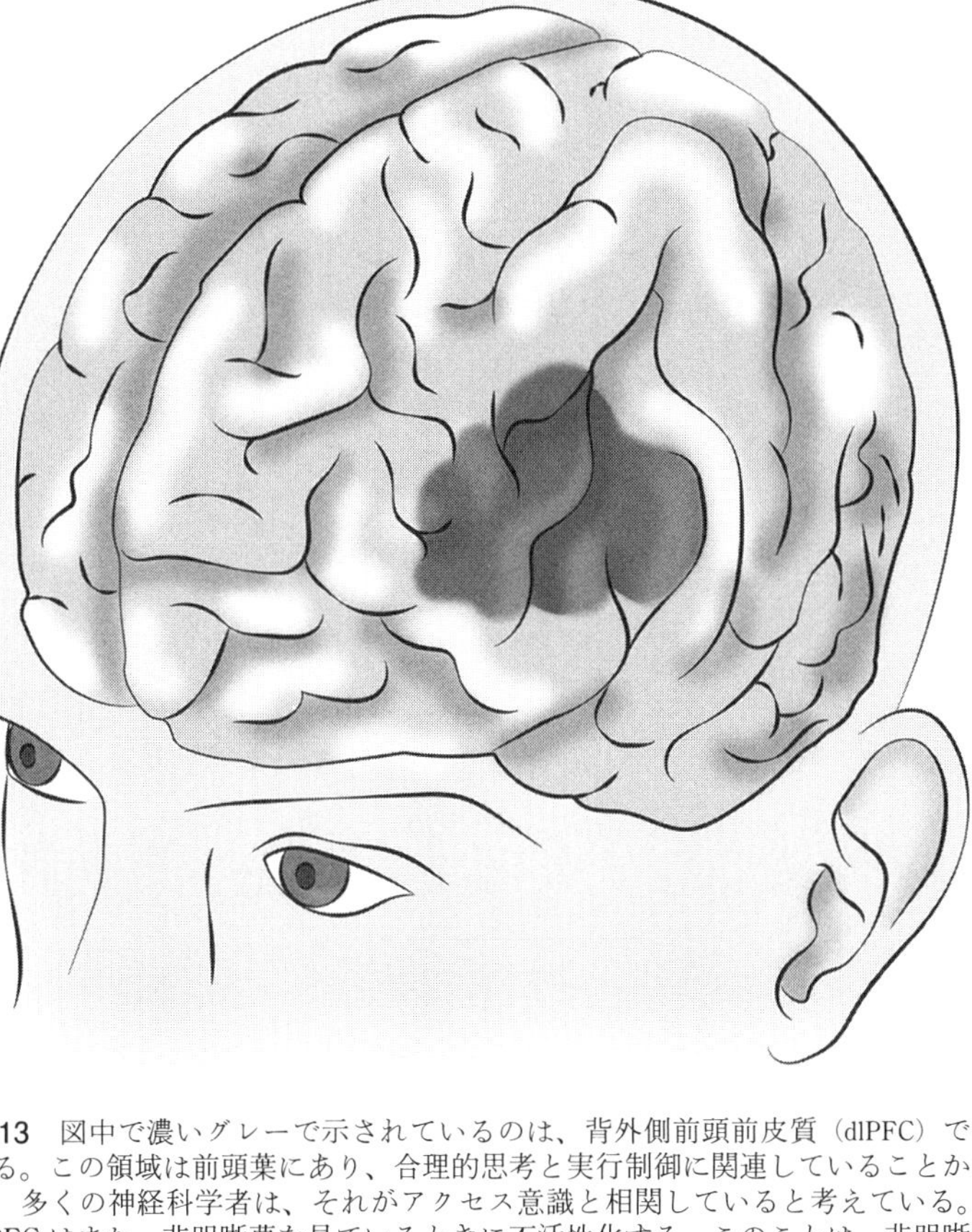

図 13　図中で濃いグレーで示されているのは、背外側前頭前皮質（dlPFC）である。この領域は前頭葉にあり、合理的思考と実行制御に関連していることから、多くの神経科学者は、それがアクセス意識と相関していると考えている。dlPFC はまた、非明晰夢を見ているときに不活性化する。このことは、非明晰夢が現象的な意識状態であって、アクセス意識ではないという見方を裏づけるものだ。

とはいえ、道徳的地位は境界のはっきりしない哲学的概念であり、それが実際にどういった結果をもたらすのかは、まったく判然としていない。[50] 動物に道徳的地位を与えるとはどういう意味をもつのか？ 善意から動物たちに親切にすべきだという意味だろうか？ 動物に影響を及ぼす決定を下す際に、動物の利益を考慮する必要があるということだろうか？ 動物は、生存する権利や身体的自由の権利など、基本的な法的権利をもっているとみなすべきということなのか？ 動物を科学研究に利用できない、動物園や水族館で展示できない、肉体的、感情的な労働に従事させられないということか？ 家庭で飼うこともできないということだろうか？

ここでは、これらの膨大な道徳的疑問に取り組むことはしないが、木を見て森を見ないという事態は避ける必要があるだろう。道徳的地位という概念は、たとえ実際的な詳細を詰められない場合でも、道徳に重要な貢献をすることができるからだ。たとえば、動物倫理学者のデイヴィッド・デグラツィアは、工場式農場や侵襲的な生物医学、行動学の研究などの動物を抑圧する社会制度を糾弾するには、動物に道徳的地位を与えるだけで十分だと説明している。[51] 道徳的地位は動物に道徳的権利を与え、その権利によって動物は、（帰結主義者であれば）利益の侵害から、あるいは、（義務論者であれば）人間の快適さや便宜や進歩のために尊厳を冒されることから保護されるというのだ。動物を虐げ、搾取する構造は、帰結主義であれ義務論であれ、いかなる道徳的枠組みでも決して正当化できない道徳的災厄である。工場式農場や侵襲的な科学研究のような存在が容認されないことを確かめるために、動物の道徳的地位を認めることの道徳的、法的、社会的含意をすべて把握する必要はない。道徳的地位という概念は、周縁部はまるで捉えどころがないが、芯の部分は驚くほどしっかりしているものなのだ。

動物の道徳的地位を認めれば、人間と動物の関係はより道徳にかなったものとなり、動物の解放という目標にも近づくことになるだろう。だが私は、この複雑な問題を単純化したくはない。道徳的地位は、種間の公平性を実現するための強力なツールになるとしても、すべての社会問題を解決する万能薬では決してない。人間による動物の扱い——より正確には虐待——の長く陰惨な歴史に対する即効性のある解決策でもない。また、この概念は、動物を人間の道徳世界に引き込むかもしれないが、そのなかで動物が占めるべき場所を教えてくれるわけでもない。たとえば、ブヨからシロナガスクジラまで、あらゆる動物に道徳的地位を授けたとしよう。だが、その先には解決すべき理論的問題が山積している。どの動物にどのような利益があるのか、どの利益がどのような保護をもたらすのか、どの保護がどのような結果を引き起こすのかを、私たちは解明しなければならない。動物行動学者のローリー・グルーエンは次のように述べている。「人間以外の動物が私たちに対して道徳的な主張ができるとしても、それ自体は、そうした主張がどう評価され、矛盾した主張がどう解決されるかについて、何も語っていない。道徳的に考慮されるようになることは、道徳のレーダーにともかくも映し出されるようなものであって、その信号がどれくらい強いか、どこに映っているかは、また別の問題なのだ[52]」。だが、一つだけ確かなことがある。それは、道徳の世界から動物を追放するのではなく、反対に招き入れなければ、矛盾する主張を解決する地点にすら到達できないということだ。

動物を道徳の世界に招き入れられるのは道徳的地位だけである。

道徳に関する最終章

動物の意識を否定する現代の風潮に対して、私たちは戦慄すべきである。というのも、動物の内面の拒絶から動物の幸福の無視にいたる距離は、限りなく小さいからだ。[53] この時代における道徳的な課題の一つは、動物の意識の否定が私たちの思考に及ぼす影響力を弱めることである。それができれば、私たちは、動物を心のない物質の塊とみなすことをやめ、意識をもった存在として認識できるようになるだろう。そのとき動物は、それ自体が重要であると同時に、ものごとがそれに対して重要性をもつ存在、言い換えれば、まさにその存在を理由として、それ自体が価値をもち、かつ世界に価値を吹き込む存在となるに違いない。

動物を「気にかける」ことは、この道徳の最前線で前進を続けるための一つの道である。[54] この「気にかける（mind）」という表現を私は気に入っているが、それは、そこに二重の意味があるからだ。つまり、動物に起こることや、その生活、環境に配慮するという意味と、動物を心（mind）をもつ認知主体とみなし、扱うという意味である。また、この二つの意味が噛み合っている点も気に入っている。動物を認知的に気にかけることは、道徳的に気にかけることを可能にする（あるいはずっと容易にする）のだ。動物が心をもたない獣だという見方をくつがえす試みは、種差別主義的な暴力の発生を抑える機会につながるだろう。この種の暴力は、人間という特別な立場から見れば当然の帰結だというまやかしでカモフラージュすることで、さらにずっと残忍なものとなり、生活のさまざまな局面で何のためらいもなく再生産されるようになる。起きている動物が外に示すものから、眠りという辺鄙な場所で育まれたものまで、動物の心のあらゆる側面に注意を払わないかぎり、いま見た二重の意味で動物を「気にかける」ことは決してできないだろう。

エピローグ　動物という主体、世界を築き上げる者

夢を見るのは、取るに足らないことに思えるかもしれないが、私たちを深遠な哲学的問題に導くという面白い特性をもっている。

――イアン・ハッキング[1]

動物について知らないことはたくさんある。私たち人間と束の間の時間を共有している、その死すべき存在とは何者なのか？　動物にとって私たちはどのような存在なのか、また、私たちにとって動物はどのような存在なのか？　人間と動物を隔てるように働く多くの現実的な力（言語の溝、他者の心の問題、擬人化の危険など）がある一方で、私たちを結びつける反対方向の力が、同じくらい多く、同じくらい現実的に存在していることをどう理解すべきだろうか？

こうした疑問をイタリアの哲学者パオラ・カヴァリエリは「動物の問い」と呼んでいる。[2]

私たちを隔てるもの

動物の夢の世界に足を踏み入れることで、私たちは動物が人間をスケールダウンさせたものではないことを知る。動物は、肉体的、心理的、進化的、精神的な発達を阻害された、ある種の異常な状態に閉じ込められているわけではないのだ。動物には、自分自身の身体図式、精神構造、進化の歴史がある。自分なりの関心、願望、動機をもっている。現実を形づくり、解釈する自分自身のやり方があり、充実

した世界を楽しみ、生き抜く方法をもっている。私たちはときに動物のなかに自分の経験の片鱗を見ることがあるが、だからといって、動物は私たち人間の反映ではない。動物は、人間の姿を映し出すために存在するのでも、人間を補完するために存在するのでもない。人間のために、あるいは人間のおかげで生きているのではない。動物は、ただそうあるように存在しているのであって、私たちがそうあってほしいと望むように存在しているのではない。哲学者トム・リーガンの言葉を借りれば、動物は「生の主体（subject of a life）」、つまりそれ自身の生活の主体なのである。

私たち人間にとって、こうした動物の「第三者性（their-ness）」は、どうにもならない限界だと言える。つまりその第三者性によって、動物を理解しようという私たちのあらゆる試みが、解決不能な曖昧さ、回答不能な問い――少なくとも満足した答えは出せない問い――に、悩まされることになる。動物が夢を見るときに起きていることを理解したいという私自身の試みも、例外ではない。

人間以外の動物がどのような夢を見ているのかについて、私たちはまだ完全に説明することはできず、せいぜい部分的な理解にとどまっている。その意味で、本書の冒頭と状況はあまり変わっていない。目覚めているときの経験が興味、好奇心、喜びを刺激したときは、動物たちが快い夢を見ることはわかっている。トラウマに飲み込まれてそこから抜け出せないときは、ゾッとするような夢を見ていることもわかっている。また、海馬でのリプレイの研究からは、動物が見る夢は必ずしも過去の経験の再利用《パリンプセスト》ではなく、現実世界を参照しない非現実な現象に関する夢も一部あることがわかっている。だがそれでもなお、以下のような差し迫った疑問が未解決のまま残っている。

眠っている動物は、経験という地面からどれくらい高く心を浮かび上がらせることができるのか？

動物は抽象的思考の夢を見ることができるか？

動物は起きているときに自分を悩ませていた問題を夢のなかで解決できるか？

動物は、夢のコントロール、眠りから覚める夢、金縛りを経験できるか？

動物の夢は、どこまで奇妙で、非論理的で、超現実的になれるのか？

ラットは自分がネコになった夢を見るか？

ネコは自分が追いかけられる側になった夢を見るか？


要するに、私たちはまだよくわかっていないのだ。しかし、動物の夢が必ずしも過去の事象の忠実な再現ではないと仮に認めるならば、少なくとも、動物の夢が私たちの夢のように――あるいは人間とは異なる独特なかたちで――不条理で、独創的で、不可思議なものである可能性を考慮する必要はあるだろう。[3]

本書が触れてこなかった疑問は夢の内容についてだけではない。夢の記憶もまた未解決の問題だ。哲学者のホセ・ミゲル・グアルディアは、一八九二年の時点で次のように述べている。「動物が夜の幻覚を記憶しているかどうかを知りたいものだ。この疑問は、動物の精神について、肯定的だろうと否定的だろうと何ごとかを書いてきた人たちには無視されているものだ[4]」。こうした状況は、それから一〇〇年以上が経過した現在も続いている。動物が夢を覚えているかをどうやって確かめればいいのか、その方法を誰も思いつけないのだ。とはいえ、動物の記憶システムに関してすでに判明していることを考慮すれば、具体的なことは言えないまでも、動物が夢を思い出している可能性を頭から否定することはできない。もしかしたら動物は、夢の一部を短い期間だけ覚えているのかもしれない。たとえそのように制限的なものだったとしても、夢のなかで起きたことは、目覚めているときの動物の考え、行動、生活に影響することだろう。動物の夢の世界は、目覚めている世界に滲み出て、それを揺り動かすのである。

夢を思い出すということはまた、夢の記憶を自らの自己感覚へと統合するという、規格外の難問に動物が直面することを意味する。というのも、認知の面から見れば、夢を見ることと夢を思い出すことは、それぞれ別の行為だからだ。夢の専門家アーネスト・ハルトマンはこう述べている。

> 夢を見ることのこの基本的な機能は、実際に夢が思い出されるか否かに関係なく現れる。そして夢が思い出されたときは、さらなる機能が発揮され、それによって、自己認識、生活上の決断、新しい発見に役立つ、より広いつながりと可能性が明らかになる。[5]

アントニオ・ダマシオもハートマンと似た見解をもっている。ダマシオは『デカルトの誤り』のなかで、これが自分だという感覚は、デカルトが信じていたように上方から降りてくるものでも、理性から生じるものでもないと述べた。その感覚は下方から立ちのぼり、感情に彩られた記憶がゆっくりと着実に固着していくことで生じる。そして、その記憶には夢の記憶も含まれる。では、ダマシオが「自伝的自己の感覚」と名づけたものを過去という撚《よ》り糸から紡ぐことができる動物が人間以外にもいたとして、その動物が夢を思い出しているとわかることにどういった意味があるのか？

このような問いを発することによって、自分が崖っぷちに追いやられていることに私は気づいている。

たんなる推測だけに基づいているわけではないにせよ、答えられない問い、あるいは、免責事項だらけの、暫定的で不正確な答えしか出せない問いに立ち向かう危険を冒しているからだ。しかし、こうした問いかけを放棄するわけにはいかない。この試みは、人間以外の動物を研究することに意味をもたせる。私たちはそれを通じて、人間と動物の関係の接点となっている不確定さは解決できないことを受け入れ、和解の道をさぐるのである。一方で、この試みは夢の研究にも意味を与える。科学哲学者のイアン・ハッキングが述べているように、夢とは奇妙な存在だ。研究対象としての夢には、ハッキングが言う「面白い特性」が備わっている。私たちはその特性によって、幻想的な魅力へと引き込まれ、知的に快適な場所からどんどん引き離される。そしてしまいには、未開の地《テラ・インコグニタ》の奥深くに立ち尽くし、進むべき方向もわからなくなっている。このように元いた場所から私たちを遠ざけ、異化する効果が夢にあるのなら、容赦のない進化の力がこの世界にもたらした無数の他者の夢に、私たちはいったい何を期待できるというのか？

　私たちは、この世界には人間による管理に適さない側面があるという事実を物憂げに嘆くことができる。あるいは、自然界が本来備えている不透明性を喜んで受け入れ、それを通じて、知的、精神的に成長してもよい。いずれにせよ、動物のあとを追って夢の世界という目眩を起こすような辺境の地に足を踏み入れる経験は、人間の凝り固まった思い込み、とりわけ、動物の心が到達できる高さや深さ、動物の魂が移動できる無限にも思える距離についての思い込みから、私たちをきっと解放してくれることだろう。

　進むべき方向がわからなくなったとき、人は改めてそれを決め直すことができるのである。

私たちを結びつけるもの

動物は、豊かな記憶力、豊かな創造性、豊かな具現性を備えた心をもっており、その豊かさを垣間見せてくれるのが夢である。より具体的には、夢の存在によって私たちは、動物が人間と同様に、世界における自分自身の経験を能動的に構築していることに気がつく。動物は、出来合いの経験を受動的に受け取っているのではない。自分に向かってくる感覚与件《センス・データ》の混沌とした流れから、単一で、意味があり、一貫した現象世界を作り上げているのだ。

今日の神経科学者と哲学者は、あらゆる意識経験が根本的に創造性をはらんだものであることに同意している。外的世界が、さまざまな形態の物理エネルギー（光、温度、圧力、化合物など）を通じて私たちの感覚にその印象を与えるとき、私たちの心身は、その混沌としたエネルギーのパターンを、時空座標、安定した知覚、感情価、社会力学などを備えた現象世界へと変換する。私たちの身体は、感覚を刺激する無秩序な感覚与件の流れを、「記号が組織する意味の場」、つまり私たちが現実と呼ぶものに絶えず織り込んでいる。[6] この創造の衝動は、目覚めているときも夢を見ているときも、私たちの意識生活のなかで常に作用している。

では、夢を見ることの独自性はどこにあるのか？　それは、夢の場合、感覚運動がほぼ完全に遮断されているという極端な条件下で、意味の場が生成されることにある。当たり前の話かもしれないが、夢を見ることは、外的世界の助けを借りずに主観的現実をどこからともなく出現させるという点で、魔法のような心のトリックだと言える。実際、夢を見ているときと目を覚ましているときの違いを一つだけ挙げるとすれば、夢のなかでは「そこ」にあるものにさほど依存しないのに対し、覚醒時の経験では、それと直接、対話をしつづけるということだろう。アラン・ホブソンは『ドリームドラッグストア』のなかで、夢は基本的に「自己創造的（auto-creative）」だと述べている。[7]夢は、心が自らのために作り出す芸術作品だ。夢がもつ自己創造性は、私たちを魅了すると同時にまごつかせるが、それはその創造性によって、確かな答えがまだ存在しない次のような疑問が生まれるからだ。


自己創造性は、動物史において、いつ、そしてなぜ生まれたのか？

自己創造性は、進化系統樹の無数の枝に、どのような経路をたどって受け継がれていったのか？

自己創造性が動物の心のなかで生み出す刺激とはどのようなものか？

自己創造性は、どの種類の主観的経験を前提にしているのか？

自己創造性は、どの種類の経験を可能にするのか？


動物の主観性に関する一揃いの理論を考えることは本書の範囲を超えているが、自己創造性によって動物が並外れた世界構築力をもっていると示されたことで、そうした理論の輪郭が浮かび上がってきたのではないかと私は考えている。動物たちは、凪《な》いだ海のように静かに眠っているときでさえ、その存在のもっとも深いところから、謎に満ちた架空の世界を生み出しているのだ。[8]

人間の驕《おご》った心は、自分たちだけが世界を築き上げる力をもっていると思い込んでいる。たとえば、フリードリヒ・ニーチェは一八〇〇年代後半に次のように書いた。人間はその自尊心によって、「宇宙全体を一つのオリジナルの音、つまり人間の無限に拡散した木霊《こだま》とみなしている。宇宙全体を一つのオリジナルの像、つまり人間の無限に増殖した複製とみなしている」[9]。だが、宇宙は私たちの木霊や複製にすぎないわけではない。ニーチェはこう続けている。「もし人間がブヨと対話できたなら、ブヨもまた私たちと同じ厳粛さをもって飛びまわり、自分が宇宙の中心で飛んでいると感じていることがわかるだろう」。ニーチェによると、すべての動物は「芸術的に創造する主体」であり、自分という存在に合わせて現象的現実を築き上げる。ブヨでさえ、ブヨであることで、そして自らの音と像を宇宙に投影することで、ブヨの世界を築き上げる。その視線は、「物事の表面を滑って『形』を見ている」とニーチェは書いている[10]。

ダーウィンもまた、このニーチェの主張の数年前に、世界を築き上げる動物の力についてほぼ同じ結論にいたっている。彼は『人間の由来』のなかで、ドイツのロマン主義者ジャン・パウル・リヒターを引用して、動物の夢を「知らずに行われる詩作行為」と定義した[11]。動物は、新しいものと古いものを飽かずに組み合わせることで、「それまでなかった輝かしい結果」を生み出す偶然の詩人なのである。私も彼らの精神に倣って、夢を見ることは主観的世界を作り出す芸術であり、夢とは眠っている間に動物の心が自身に歌いかける頌歌《オード》だという考えを受け入れようと思う。たとえ人間の言葉では歌われていなかったとしても、その頌歌に耳を傾ければ、これまで傲慢さによって目をそらしてきた真実を明らかにする仕事にとりかかれることだろう。その真実とは、動物は私たちのように自身の経験の作家であり、自身の現実の建築家であること。そして、世界を築き上げる存在であることだ。真っ暗な眠りの川に引きずり込まれ、不思議の国へと流されたあとでも、動物たちにはそれができるのである。

謝辞

著者として名前が出るのは私一人だけであっても、本書は、フェミニスト科学の研究者カレン・バラッドが「行為主体《エージェント》のネットワーク」と呼んだもの、すなわち、一個人の意図によってではなく、複数の要素が集まることで何らかの成果を生み出す複雑な構造の産物である。このネットワークでは行為主体は分散化されており、中心に位置するノードであっても、自分が特別なノードだと主張することは決してできない。それは多くのノードに囲まれた、ただの一つのノードなのである。

本書が生まれるのに必要だった数多くのノードたちに感謝の意を表したい。まずは、私がこうした言葉を書くにいたるきっかけをそれとは知らずに与えてくれた二人の名前を挙げよう。一人目はターニャ・オーグスバーグ。彼女が招待してくれた二〇一八年のアニマル・ユニオンの会合が、私が動物の夜間の経験に関心をもっていること——といっても、当時はまだぼんやりと心のうちにあっただけなのだが——を初めて公に示す機会となった。二人目はマリョレイン・オレ。彼女は、先の会合から数週間後の二〇一八年四月にサンフランシスコ大学で講演をするよう声をかけてくれた。この機会を利用して、私は夢の科学と哲学をさらに真剣に掘り下げ、まだしっかりと固まっていなかった自分の関心を練り上げて、一つのテーマをもった哲学の論文のようなものを書き上げた。この講演は学生にも教員にも好意的に受け入れられ、それをきっかけとして私のなかに本を書くというアイデアが生まれたのだった。

ところが、本を書いた経験などもたない私には、そのアイデアは恐怖以外の何ものももたらさなかった。自分の文体、表現技法、研究者としての能力に対する、自分でも認めたくないほどの不安が滲み出ていくのがわかった。偽物であることが白日の下にさらされるのではないかと恐れた。私は恐怖にとらわれ、この計画を途中で投げ出すことにした。

そんな私の気持ちを変え、挑戦から逃げるなと説得してくれたのがラビー・ヘイグだ。経験豊富なセラピストのように恐怖心をやわらげ、ライターズ・ブロックの苦い味を初めて味わっていた私に書くように励ましてくれたのは彼だった。また、パートナーの寛容さと専門家の厳格さをもって、私が発する神経科学の疑問にすべて答えてくれると同時に、こうした問題を哲学的にどう発展させるのかと厳しく問うことで私にプレッシャーをかけたのも彼だった。心が痛むことに、この親切な行動は彼にとって裏目に出た。というのも、そのおかげで、動物やその夢について私がまくしたてる話をたった一年のうちに一生分ほども聞かされる羽目になったのもまた彼だったからだ――彼はその苦難を聖人のように忍耐強く耐えたのである。本書を一から作るにあたって、彼は私の恋人、友人、話し相手、腹心、編集者、批評家というすべての役割を担ってくれた。彼の存在によって本書はより良いものとなり、それは私自身も同じである。よって本書をパートナーである彼に捧げようと思う。

本の執筆はときとして極度に孤独な作業になりうる。本書の執筆もまた、二〇二〇年にパリで部屋にこもりきりになるという、耐え難いほどの孤立状態で進められた。私は、その困難な日々を、パートナー、家族、友人に必死にしがみつくことで乗り越えることができた。パートナーとの毎日のやりとりは、私を落ち着かせ、支えてくれた。母や兄、メキシコの親戚たちとの電話は、私をリラックスさせ、ともすれば狭くなりがちな視界を取り戻させてくれた。友人との交流は私をリフレッシュさせ、回復する力を与えてくれた。本書の執筆に直接協力し、励ましてくれた友人は大勢いる。ジェシカ・ロックとオスマン・ネムリとは、パンデミック期間中に毎週、執筆の報告会を行った。この会があることで、本書の構成は確かなものとなり、執筆を中断することなく、自分の書きたいことに改めて気づくなど、多大な恩恵を受けた。鋭い建設的なフィードバックをくれた二人に感謝する。レベッカ・ロングティン、ジョエル・M・レイノルズ、アレックス・フェルドマン、マイケル・サノ、デボラ・ゴルドゲイバーの助力にも感謝する。彼らの観察、批判、提言は私の思考と文章に実りある影響を与えてくれた。レベカー・F・スペラには特別な感謝を捧げる。彼女は本書を隅から隅まで読み、編集をして、索引も作ってくれた。読者が私の文章の悪癖から救われているとすれば、それは彼女のおかげである。また、居心地が良く協力的な環境を提供してくれた、サンフランシスコ州立大学の二つの研究者コミュニティ――私がアレズー・イスラミと一緒に立ち上げた「意識の史実性」読書会、ローラ・マモ、マーサ・ケニー、マーサ・リンカンが運営するSTS・HUB――にも感謝を捧げたい。人文教養学部の同僚にもお世話になった。クリスティーナ・ルオトロ、ターニャ・アウグスバーグ、ホセ・アカシオ・デ・バロス、デニス・バティスタ、ショーン・コネリー、カレン・クープマン、ブラッド・エリクソン、マリアナ・フェレイラ、ジュディス・フラスケラ、ローラ・ガルシア＝モレノ、ローガン・ヘネシー、ジョージ・レナード、サラ・マリネリ、マリー・マクノートン、ピーター・リチャードソン、スティーヴ・サヴェイジ、メアリー・スコット、ニック・スザニス、クリストファー・スターバ、ショーン・テイラー、ロブ・トマス、ステイシー・ズパンの皆様に感謝申し上げる。また、二〇二〇年春のサバティカルに資金を提供してくれた、ジョージ・アンド・ジュディ・マーカス基金の物的支援なくしては、本書を完成させることはできなかっただろう。

最後に、プリンストン大学出版局の編集チームにもお礼を言いたい。マット・ロハルは有能で思慮深い編集者であり、私自身が疑っていたときでさえ、この企画が実現すると信じて疑わなかった。彼は本書の可能性を理解し、私のこれまでの仕事（アカデミックな哲学）に馴染みがない一般読者にも受け入れてもらえるものにするべく、私の背中を押してくれた。ミッシェル・ローゼンは原稿整理に手腕を発揮し、細部への鋭い観察眼で原稿を大いに改善してくれた。アリ・パリントンは原稿整理とそれに続く制作を担当し、関係各所のスケジュールを管理してくれた。すばらしい表紙のデザインはクリス・フェランテ、本文の挿絵は、ディミトリ・カレトニコフのコーディネイトのもとエマ・バーンズが担当してくれた。彼らの芸術的才能によって、本書には私では付け加えることのできないまったく新しい側面が加わることになった。

ここで名前を挙げた人たちは、私と同じように、あなたがいま手にとっているこの本を生み出したネットワーク内のノードである。だがもちろん、もし本書に誤りがあるとするならば、その責はすべて私に帰せられるものである。

参考文献

Aaltola, E. (2010). Animal minds, skepticism, and the affective stance. *Teorema: Revista Internacional de Filosofía* 20: 69–82.

Ackerman, J. (2016). *The Genius of Birds*. New York: Penguin. 〔アッカーマン『鳥！　驚異の知能』（鍛原多惠子訳、講談社）〕

Adrien, J. (1984). Ontogenese du sommeil chez le mammifere. In *Physiologie du sommeil*, Benoit, O. (ed.), 19–29. Paris: Masson.

Allen, C. (1999). Animal concepts revisited: the use of self-monitoring as an empirical approach. *Erkenntnis* 51: 537–44.

———. (2006). Transitive inference in animals: reasoning or conditioned as- sociations. In *Rational Animals?*, Hurley, S. and Nudds, M. (eds.), 175–85. Oxford: Oxford University Press.

Andrews, K. (2014). *The Animal Mind: An Introduction to the Philosophy of Animal Cognition*. New York: Routledge.

Aust, U., Range, F., Steurer, M. and Huber, L. (2008). Inferential reasoning by exclusion in pigeons, dogs, and humans. *Animal Cognition* 11: 587–97.

Austin, J. H. (1999). *Zen and the Brain: Toward an Understanding of Meditation and Consciousness*. Cambridge: MIT Press.

Baars, B. J. (1986). *The Cognitive Revolution in Psychology*. New York: Guilford Press.

———. (1997). In the theatre of consciousness: global workspace theory, a rigorous scientific theory of consciousness. *Journal of Consciousness Studies* 4: 292–309.

Bachelard, G. (1963). *Le matérialisme rationnel*. Paris: Presses Universitaires de France.

Baird, B., Mota-Rolim, S. A., and Dresler, M. (2019). The cognitive neuroscience of lucid dreaming. *Neuroscience & Biobehavioral Reviews* 100: 305–23.

Balcombe, J. (2010). *Second Nature: The Inner Lives of Animals*. New York: Macmillan.

Bekoff, M. (2003). Consciousness and self in animals: some reflections. *Zygon* 38: 229–45.

Bekoff, M., and Jamieson, D. (1991). Reflective ethology, applied philosophy, and the moral status of animals. In *Perspectives in Ethology: Human Understanding and Animal Awareness*, Bateson, P. G., and Klopfer, P. H. (eds.) 1–32. New York: Plenum Press.

Bender, K. (2016). What is your cat or dog dreaming about? A Harvard expert has some answers. *People Magazine*. October 13, 2016. https://people.com/pets/what-is-your-cat-or-dog-dreaming-about-a-harvard-expert-has-some-answers/.

Bendor, D., and Wilson, M. A. (2012). Biasing the content of hippocampal replay during sleep. *Nature Neuroscience* 15: 1439–44.

Bentham, J. (1843). *The Works of Jeremy Bentham*, Bowring, J. (ed.). London: William Tait.

Berardi, A., Trezza, V., Palmery, M., Trabace, L., Cuomo, V., and Campolongo, P. (2014). An updated animal model capturing both the cognitive and emotional features of post-traumatic stress disorder (PTSD). *Frontiers in Behavioral Neuroscience* 8: 1–12.

Berger, R. J., and Walker, J. M. (1972). Sleep in the burrowing owl (*Speotyto cunicularia hypugaea*). *Behavioral Biology* 7: 183–94.

Berntsen, D., and Jacobsen, A. S. (2008). Involuntary (spontaneous) mental time travel into the past and future. *Consciousness and Cognition* 17: 1093–1104.

Block, N. (1995). On a confusion about a function of consciousness. *Behavioral and Brain Sciences* 18: 227–47.

Blumberg, M. S. (2010). Beyond dreams: do sleep-related movements contribute to brain development? *Frontiers in Neurology* 1: 140.

Bogzaran, F., and Deslauriers, D. (2012). *Integral Dreaming: A Holistic Approach to Dreams*. Albany: SUNY Press.

Botero, M. (2020). Primate orphans. In *Encyclopedia of Animal Cognition and Behavior*, Vonk, J., and Shackelford, T. K. (eds.), 1–7. New York: Springer International Publishing.

Boyce, R., Glasgow, S. D., Williams, S., and Adamantidis, A. (2016). Causal evidence for the role of REM sleep theta rhythm in contextual memory consolidation. *Science* 352: 812–16.

Boysen, S. T., and Hallberg, K. I. (2000). Primate numerical competence: Contributions toward understanding nonhuman cognition. *Cognitive Science* 24: 423–43.

Bradshaw, G. A. (2009). *Elephants on the Edge*. New Haven: Yale University Press.

Brennan, A. (1984). The moral standing of natural objects. *Environmental Ethics* 6: 35–56.

Brereton, D. P. (2000). Dreaming, adaptation, and consciousness: the social mapping hypothesis. *Ethos* 28: 379–409.

Brower, K. J., and Siegel, R. K. (1977). Hallucinogen-induced behaviors of free-moving chimpanzees. *Bulletin of the Psychonomic Society* 9: 287–90.

Buber, M. (1970). *I and Thou*. New York: Scribner.〔ブーバー『我と汝』（野口啓祐訳、講談社学術文庫）〕

Burgin, C. J., Colella, J. P., Kahn, P. L., and Upham, N. S. (2018). How many species of mammals are there? *Journal of Mammalogy* 99: 1–14.

Calkins, M. W. (1893). Statistics of dreams. *American Journal of Psychology* 5.3: 311–43.

Call, J. (2006). Inferences by exclusion in the great apes: The effect of age and species. *Animal Cognition* 9: 393–403.

———. (2010). Do apes know that they could be wrong? *Animal Cognition* 13: 689–700.

Campbell, R. L., and Germain, A. (2016). Nightmares and posttraumatic stress disorder (PTSD). *Current Sleep Medicine Reports* 2: 74–80.

Carruthers, P. (1989). Brute experience. *Journal of Philosophy* 86: 258–69.

———. (1996) . *Language, Thought and Consciousness: An Essay in Philosophical Psychology*. Cambridge: Cambridge University Press.

———. (2008). Meta-cognition in animals: A skeptical look. *Mind & Language* 23: 58–89.

Carson, A. (1994). The glass essay. *RARITAN* 13: 25.

Castner, S. A., and Goldman-Rakic, P. S. (1999). Long-lasting psychotomimetic consequences of repeated low-dose amphetamine exposure in rhesus monkeys.

Neuropsychopharmacology 20.1: 10–28.

Castner, S. A., and Goldman-Rakic, P. S. (2003). Amphetamine sensitization of hallucinatory-like behaviors is dependent on prefrontal cortex in nonhuman primates. *Biological Psychiatry* 54: 105–10.

Cavalieri, P. (2003). *The Animal Question: Why Nonhuman Animals Deserve Human Rights*. Oxford: Oxford University Press.

———. (2012). Declaring whales' rights. *Tamkang Review* 42: 111–37.

———. (2018). The meta-problem of consciousness. *Journal of Consciousness Studies* 25: 6–61.

Chase, M. H., and Morales, F. R. (1990). The atonia and myoclonia of active (REM) sleep. *Annual Review of Psychology* 41: 557–84.

Chernus, L. A. (2008). Separation/abandonment/isolation trauma: An application of psychoanalytic developmental theory to understanding its impact on both chimpanzee and human children. *Journal of Emotional Abuse* 8: 447–68.

Churchland, P. M. (1995). *The Engine of Reason, the Seat of the Soul: A Philosophical Journey into the Brain*. Cambridge: MIT Press. 〔チャーチランド『認知哲学』（信原幸弘／宮島昭二訳、産業図書）〕

Coleridge, S. (2004). *The Complete Poems of Samuel Taylor Coleridge*. London: Penguin.

Conn, Jacob H. (1974). The decline of psychoanalysis: The end of an era, or here we go again. *JAMA* 228.6: 711–12.

Corner, M. A. (2013). Call it sleep—what animals without backbones can tell us about the phylogeny of intrinsically generated neuromotor rhythms during early development. *Neuroscience Bulletin* 29: 373–80.

Corner, M., and van der Togt, C. (2012). No phylogeny without ontogeny—a comparative and developmental search for the sources of sleep-like neural and behavioral rhythms. *Neuroscience Bulletin* 28: 25–38.

Cortés Z. C. (2015). Nonhuman animal testimonies: a natural history in the first person? In *The historical animal*, Nance, S., Colby, J., Gibson, A. H., Swart, S., Tortorici, Z., and Cox, L. (eds.), 118–32. Syracuse: Syracuse University Press. Crick, F., and Mitchison, G. (1983). The function of dream sleep. *Nature* 304: 111–14.

Crist, E. (2010). *Images of Animals*. Philadelphia: Temple University Press.

Cyrulnik, Boris. (2013). Les animaux rêvent-ils? Quand le rêve devient liberté. *Le Coq-Héron* 4.215: 142–49.

Dadda, M., Piffer, L., Agrillo, C., and Bisazza, A. (2009). Spontaneous number representation in mosquitofish. *Cognition* 112: 343–48.

Damasio, A. R. (1989). Time-locked multiregional retroactivation: A systems- level proposal for the neural substrates of recall and recognition. *Cognition* 33: 25–62.

———. (1999). *The Feeling of What Happens: Body and Emotion in the Making of Consciousness*. New York: Houghton Mifflin Harcourt. 〔ダマシオ『意識と自己』（田中三彦訳、講談社学術文庫）〕

Darwin, C. (1891). *The Descent of Man and Selection in Relation to*

Sex. London: John Murray.〔ダーウィン『人間の由来』(長谷川眞理子訳、講談社学術文庫)〕

Dave, A. S., and Margoliash, D. (2000). Song replay during sleep and computational rules for sensorimotor vocal learning. *Science* 290: 812–16.

Davidson, T. J., Kloosterman, F., and Wilson, M. A. (2009). Hippocampal replay of extended experience. *Neuron* 63: 497–507.

Dawkins, M. S. (2012). *Why Animals Matter: Animal Consciousness, Animal Welfare, and Human Well-being*. Oxford: Oxford University Press.

de Waal, F. (2016). *Are We Smart Enough to Know How Smart Animals Are?* New York: WW Norton & Company.〔ドゥ・ヴァール『動物の賢さがわかるほど人間は賢いのか』(柴田裕之訳、松沢哲郎監訳、紀伊國屋書店)〕

DeGrazia, D. (1991). The moral status of animals and their use in research: A philosophical review. *Kennedy Institute of Ethics Journal* 1: 48–70.

———. (2009). Self-awareness in animals. In *The Philosophy of Animal Minds*, Lurz, R. W. (ed.), 201–17. Cambridge: Cambridge University Press.

Dehaene, S. (2014). *Le code de la conscience*. Paris: Odile Jacob.

Derdikman, D., and Moser, M. (2010). A dual role for hippocampal replay. *Neuron* 65: 582–84.

Derégnaucourt, S., and Gahr, M. (2013). Horizontal transmission of the father's song in the zebra finch (*Taeniopygia guttata*). *Biology Letters* 9: 20130247.

Derrida, J. (2002). The animal that therefore I am (more to follow). *Critical Inquiry* 28: 369–418.

Despret, V. (2016). *What Would Animals Say If We Asked the Right Questions?* Minneapolis: University of Minnesota Press.

Dewasmes, G., Cohen-Adad, F., Koubi, H., and Le Maho, Y. (1985). Polygraphic and behavioral study of sleep in geese: Existence of nuchal atonia during paradoxical sleep. *Physiology & Behavior* 35: 67–73.

Domash, L. (2020). *Imagination, Creativity and Spirituality in Psychotherapy: Welcome to Wonderland*. New York: Routledge.

Domhoff, G. W. (2017). *The Emergence of Dreaming: Mind-wandering, Embodied Simulation, and the Default Network*. Oxford: Oxford University Press.

Driver, J. (2007). Dream immorality. *Philosophy* 82: 5–22.

Dudai, Y. (2004). The neurobiology of consolidations, or, how stable is the engram? *Annual Review of Psychology* 55: 51–86.

Dumpert, J. (2019). *Liminal Dreaming: Exploring Consciousness at the Edges of Sleep*. Berkeley: North Atlantic Books.

Duntley, S. P. (2003). Sleep in the cuttlefish sepia officinalis. *Sleep* 26: A118.

———. (2004). Sleep in the cuttlefish. *Annals of Neurology* 56: S68.

Duntley, S. P., Uhles, M., and Feren, S. (2002). Sleep in the cuttlefish sepia pharaonic. *Sleep* 25: A159–A160.

Edelman, Gerald M. (2003). Naturalizing consciousness: A theoretical framework. *Proceedings of the National Academy of Sciences* 100.9: 5520–24.

———. (2005). *Wider than the Sky: A Revolutionary View of Consciousness*. London: Penguin.〔エーデルマン『脳は空より

広いか』（冬樹純子訳／豊嶋良一監修，草思社）〕
Edgar, D. M., Dement, W. C., and Fuller, C. A. (1993). Effect of SCN lesions on sleep in squirrel monkeys: Evidence for opponent processes in sleep-wake regulation. *Journal of Neuroscience* 13: 1065–79.
Eeles, E., Pinsker, D., Burianova, H., and Ray, J. (2020). Dreams and the day-dream retrieval hypothesis. *Dreaming* 30: 68–78.
Ellinwood, E., Sudilovsky, A., and Nelson, L. M. (1973). Evolving behavior in the clinical and experimental amphetamine (model) of psychosis. *American Journal of Psychiatry* 130: 1088–93.
Ellison, G., Nielsen, E. B., and Lyon, M. (1981). Animal model of psychosis: Hallucinatory behaviors in monkeys during the late stage of continuous amphetamine intoxication. *Journal of Psychiatric Research* 16: 13–22.
Erdőhegyi, Á., Topál, J., Virányi, Z., and Miklósi, Á. (2007). Dog-logic: Inferential reasoning in a two-way choice task and its restricted use. *Animal Behaviour* 74: 725–37.
Felipe de Souza, M., and Schmidt, A. (2014). Responding by exclusion in Wistar rats in a simultaneous visual discrimination task. *Journal of the Experimental Analysis of Behavior* 102: 346–52.
Filevich, E., Dresler, M., Brick, T. R., and Kühn, S. (2015). Metacognitive mechanisms underlying lucid dreaming. *Journal of Neuroscience* 35.3: 1082–88.
Fisher, N. (2017). Kant on animal minds. *Ergo, an Open Access Journal of Philosophy* 4: 441–62.
Foster, D. J., and Wilson, M. A. (2006). Reverse replay of behavioural sequences in hippocampal place cells during the awake state. *Nature* 440: 680–83.
Foucault, M. (1985). Dream, imagination, and existence. *Review of Existential Psychology and Psychiatry* 19:1: 29–78.
Foulkes, D. (1990). Dreaming and consciousness. *European Journal of Cognitive Psychology* 2: 39–55.
——— . (1999). *Children's Dreaming and the Development of Consciousness*. Cambridge: Harvard University Press.
Frank, M. G. (1999). Phylogeny and evolution of rapid eye movement (REM) sleep. In *Rapid Eye Movement Sleep*, Mallick, B. N., and Inoué, S. (eds.), 17–38. New York: Narosa.
Frank, M. G., Waldrop, R. H., Dumoulin, M., Aton, S., and Boal, J. G. (2012). A preliminary analysis of sleep-like states in the cuttlefish Sepia officinalis. *PLoS One* 7: e38125.
Freiberg, A. S. (2020). Why we sleep: A hypothesis for an ultimate or evolutionary origin for sleep and other physiological rhythms. *Journal of Circadian Rhythms* 18: 2–6.
Freud, S. (1938). The interpretation of dreams. In *The Basic Writings of Sigmund Freud*, Brill, A. A. (ed.), 181–549. New York: Random House.
Gallup, G. G. (1977). Self-recognition in primates: A comparative approach to the bidirectional properties of consciousness. *American Psychologist* 32: 329–38.
Gardner, H. (1987). *The Mind's New Science: A History of the Cognitive Revolution*. New York: Basic Books. 〔ガードナー『認知革命』（佐伯胖／海保博之監訳，産業図書）〕
Gardner, R. A., Gardner, B. T., and Van Cantfort, T. E., eds. (1989). *Teaching Sign Language to Chimpanzees*. Albany: SUNY Press.

Gelbard-Sagiv, H., Mukamel, R., Harel, M., Malach, R., and Fried, I. (2008). Internally generated reactivation of single neurons in human hippocampus during free recall. *Science* 322: 96–101.

Gioanni, H. (1988). Stabilizing gaze reflexes in the pigeon (*Columba livia*). *Ex- perimental Brain Research* 69: 567–82.

Glock, H. J. (1999). Animal minds: Conceptual problems. *Evolution and Cog- nition* 5: 174–88.

———. (2000). Animals, thoughts and concepts. *Synthese* 123: 35–64.

———. (2010) Can animals judge? *Dialectica* 64: 11–33.

Godfrey-Smith, P. (2016). *Other Minds: The Octopus, the Sea, and the Deep Origins of Consciousness*. New York: Farrar, Straus and Giroux.〔ゴドフリー＝スミス『タコの心身問題』（夏目大訳，みすず書房）〕

———. (2017). The mind of an octopus. *Scientific American*, January 1, 2017. https://www.scientificamerican.com/article/the-mind-of-an-octopus/.

Gómez, J. C., and Martín-Andrade, B. (2005). Fantasy play in apes. In *The Nature of Play: Great Apes and Humans*, Pellegrini, A. D., and Smith, P. K. (eds.), 139–72. New York: Guilford Press.

Graf, R., Heller, H. C., and Rautenberg, W. (1981). Thermoregulatory effector mechanism activity during sleep in pigeons. In *Contributions to Thermal Physiology*, Szelenyi, Z., and Szekely, M. (eds.), 225–27. Oxford: Oxford Press.

Graf, R., Heller, H. G., and Sakaguchi, S. (1983). Slight warming of the spinal cord and the hypothalamus in the pigeon: effects on thermoregulation and sleep during the night. *Journal of Thermal Biology*, 8.1–2: 159–61.

Griffin, D. R. (1976). *The Question of Animal Awareness: Evolutionary Continuity of Mental Experience*. New York: Rockefeller University Press.〔グリフィン『動物に心があるか』（桑原万寿太郎訳，岩波書店）〕

———. (1998). From cognition to consciousness. *Animal Cognition* 1: 3–16.

Groos, Karl. (1898). *The Play of Animals*. Boston: D. Appleton and Company.

Gruen, L. (2017). The moral status of animals. *Stanford Encyclopedia of Philosophy*. Accessed July 23, 2020. https://plato.stanford.edu/entries/moral-animal/.

Guardia, J. M. (1892). La personalité dans les rêves. *Revue Philosophique de la France et de l'Étranger* 34: 225–58.

Gupta, A. S., van der Meer, M. A., Touretzky, D. S., and Redish, A. D. (2010). Hippocampal replay is not a simple function of experience. *Neuron* 65: 695–705.

Hacking, I. (2001). Dreams in place. *Journal of Aesthetics and Art Criticism* 59: 245–60.〔ハッキング『知の歴史学』（出口康夫／大西琢朗／渡辺一弘訳，岩波書店）〕

———. (2004). *Historical Ontology*. Cambridge: Harvard University Press.

Hale, N. G., Jr. (1995). *The Rise and Crisis of Psychoanalysis in the United States: Freud and the Americans, 1917–1985*. Oxford: Oxford University Press.

Hall, M. (2016). *The Bioethics of Enhancement: Transhumanism, Disability, and Biopolitics*. Lanham, Maryland: Lexington

Books.

Halton, E. (1989). An unlikely meeting of the Vienna school and the New York school. *New Observations* 1: 5–9.

Harris, E. H., Beran, M. J., and Washburn, D. A. (2007). Ordinal-list integration for symbolic, arbitrary, and analog stimuli by rhesus macaques (*Macaca mulatta*). *Journal of General Psychology* 134: 183–97.

Hartmann, E. (1995). Making connections in a safe place: Is dreaming psychotherapy? *Dreaming* 5: 213.

———. (2001). *Dreams and Nightmares: The Origin and Meaning of Dreams*. Cambridge: Perseus Publishing.

———. (2008). The central image makes "big" dreams big: The central image as the emotional heart of the dream. *Dreaming* 18: 44–57.

Haselswerdt, Ella. (2019). The Semiotics of the Soul in Ancient Medical Dream Interpretation: Perception and the Poetics of Dream Production in Hip- pocrates' "On Regimen." *Ramus* 48.1: 1–21.

Hearne, K.M.T. (1978). *Lucid Dreams: An Electro-physiological and Psychological Study*. Doctoral dissertation, Liverpool University.

Hernandez-Lallement, J., Attah, A. T., Soyman, E., Pinhal, C. M., Gazzola, V., and Keysers, C. (2020). Harm to others acts as a negative reinforcer in rats. *Current Biology* 30: 949–61.

Hills, T. (2019). Can animals imagine things that have never happened? *Psychology Today*. Accessed October 22, 2019. https://www.psychologytoday.com/us/blog/statistical-life/201910/can-animals-imagine-things-have-never-happened.

Hobson, J. A. (2001). *The Dream Drugstore: Chemically Altered States of Consciousness*. Cambridge: MIT Press. 〔ホブソン『ドリームドラッグストア』（村松太郎訳，新樹会創造出版）〕

Hobson, J. A., and McCarley, R. W. (1977). The brain as a dream state generator: An activation-synthesis hypothesis of the dream process. *American Journal of Psychiatry* 134: 1335–48.

Hobson, A., and Voss, U. (2010). Lucid Dreaming and the Bimodality of Consciousness. In *New Horizons in the Neuroscience of Consciousness*, Perry, E. K., Collerton, D., LeBeau, F.E.N., and Ashton, H. (eds.), 155–68. Amsterdam: John Benjamins Publishing Company.

Huebner, B. (2010). Commonsense concepts of phenomenal consciousness: Does anyone care about functional zombies? *Phenomenology and the Cognitive Sciences* 9: 133–55.

Hurley, S. E., and Nudds, M. (2006). *Rational Animals?* Oxford: Oxford Uni- versity Press.

Ichikawa, J. (2009). Dreaming and imagination. *Mind & Language* 24: 103–21.

Ichikawa, J, and Sosa, E. (2009). Dreaming, philosophical issues. In *The Oxford Companion to Consciousness*, Bayne, T., and Wilken, P. (eds.). Oxford: Oxford University Press.

Inwood, B, and Gerson, L. P. (1994). *The Epicurus Reader*. Cambridge: Hackett Publishing.

Johnson, A., and Redish, A. D. (2007). Neural ensembles in CA3 transiently encode paths forward of the animal at a decision point. *Journal of Neuroscience* 27.45: 12176–89.

Jouvet, M. (1962). Recherches sur les structures nerveuses et les mécanismes responsables des différentes phases du sommeil physiologique. *Archives italiennes de biologie* 100: 125–206.

———. (1965a). Behavioral and EEG effects of paradoxical sleep deprivation in the cat. In *Proceedings of the 23rd International Congress of Physiological Sciences* (Vol. 4), Noble, D. (ed.). Excerpta Medica.

———. (1965b). Paradoxical sleep—a study of its nature and mechanisms. *Prog- ress in Brain Research* 18: 20–62.

———. (1979). What does a cat dream about? *Trends in Neurosciences* 2: 280–82.

———. (2000). *The Paradox of Sleep: The Story of Dreaming*. Cambridge: MIT Press.

Kahan, T. L. (1994). Lucid dreaming as metacognition: Implications for cognitive science. *Consciousness and Cognition* 3: 246–64.

Kahane, G., and Savulescu, J. (2009). Brain damage and the moral significance of consciousness. *Journal of Medicine and Philosophy* 34: 6–26.

Karlsson, M. P., and Frank, L. M. (2009). Awake replay of remote experiences in the hippocampus. *Nature Neuroscience* 12: 913–18.

Karmanova, I. G. (1982). *Evolution of Sleep: Stages of the Formation of the "Wake-fulness-sleep" Cycle in Vertebrates*. Basel: Karger.

Karmanova, I. G., and Lazarev, S. G. (1979). Stages of sleep evolution (facts and hypotheses). *Waking and Sleeping* 3: 137–47.

Kelly, D. (2018). The untold truth of Koko. *Grunge*. June 22, 2018. https://www.grunge.com/126879/the-untold-truth-of-koko/.

Kilian, A., Yaman, S., von Fersen, L., and Güntürkün, O. (2003). A bottlenose dolphin discriminates visual stimuli differing in numerosity. *Animal Learning & Behavior* 31: 133–42.

King, B. J. (2011). Are apes and elephants persons? In *Search of Self: Interdisciplinary Perspectives on Personhood*, Van Huyssteen, J. W., and Wiebe, E. P. (eds.), 70–82. Grand Rapids: Eerdmans Publishing.

Kingdom, S. (2017). The elephant orphans of Zambia. *Africa Geographic*. Accessed September 26, 2019. https://africageographic.com/blog/elephant-orphans-zambia/.

Kinnaman, A. J. (1902). Mental life of two Macacus rhesus monkeys in captivity. Part II. *American Journal of Psychology* 13: 173–218.

Kirmayer, L. J. (2009). Nightmares, neurophenomenology and the cultural logic of trauma. *Culture, Medicine, and Psychiatry* 33: 323–31.

Kittay, E. F. (2009). The personal is philosophical is political: A philosopher and mother of a cognitively disabled person sends notes from the battlefield. *Metaphilosophy* 40: 606–27.

Kittay, E. F., and Carlson, L., eds. (2010). *Cognitive Disability and Its Challenge to Moral Philosophy*. Hoboken: John Wiley & Sons.

Klein, C. (2007). An imperative theory of pain. *Journal of Philosophy* 104: 517–32.

Klein, M. (1963). Etude polygraphique et phylogénétique des différents états de sommeil. Thèse de Médecine. Lyon.

Knierim, J. J. (2009). Imagining the possibilities: ripples, routes, and reactivation. *Neuron* 63: 421–23.

Knobe, J., and Prinz, J. (2008). Intuitions about consciousness: Experimental studies. *Phenomenology and the Cognitive Sciences* 7: 67–83.

Kockelmans, J. J. (1994). *Edmund Husserl's phenomenology*. West Lafayette, In- diana: Purdue University Press.

Kornell, N., Son, L. K., and Terrace, H. S. (2007). Transfer of metacognitive skills and hint seeking in monkeys. *Psychological Science* 18.1: 64–71.

Korsgaard, C. (2018). *Fellow Creatures: Our Obligations to the Other Animals*. Oxford: Oxford University Press.

Kriegel, U. (2017). Dignity and the phenomenology of recognition-respect. In *Emotional Experience: Ethical and Social Significance*, Drummond, J. J., and Rinofner-Kreidl, S. (eds.), 121–36. Lanham, Maryland: Rowman & Littlefield.

———. (2019). The value of consciousness. *Analysis* 79: 503–20.

———. (n.d.). The value of consciousness: A propaedeutic. Accessed July 23, 2020. https://uriahkriegel.com/userfiles/downloads/propaedeutic.pdf.

Kunzendorf, R. G. (2016). *On the Evolution of Conscious Sensation, Conscious Imagination, and Consciousness of Self*. New York: Routledge.

LaBerge, S. (1985). *Lucid dreaming.* New York: Tarcher.〔ラバージ『明晰夢』（大林正博訳，春秋社）〕

LaBerge, S., and DeGracia, D. J. (2000). Varieties of lucid dreaming experience. In *Individual Differences in Conscious Experience*, Kunzendorf, G., and Wallace, B. (eds.), 269–307. Amsterdam: John Benjamins Publishing Company.

Lacrampe, C. (2002). *Dormir, rêver: Le sommeil des animaux*. Paris: Iconoclaste.

LeDoux, J. E. (2013). The slippery slope of fear. *Trends in Cognitive Sciences* 17: 155–56.

Lee, A. (2019). Is consciousness intrinsically valuable? *Philosophical Studies* 176: 655–71.

Lesku, J. A., Meyer, L. C., Fuller, A., Maloney, S. K., Dell'Omo, G., Vyssotski, A. L., and Rattenborg, N. C. (2011). Ostriches sleep like platypuses. *PloS One* 6: e23203.

Leung, L. C., Wang, G. X., Madelaine, R., Skariah, G., Kawakami, K., Deisseroth, K., and Mourrain, P. (2019). Neural signatures of sleep in zebrafish. *Nature*, 571.7764: 198–204.

Levinas, E. (1979). *Totality and Infinity: An Essay on Exteriority*. New York: Springer.〔レヴィナス『全体性と無限』（藤岡俊博訳，講談社学術文庫）〕

———. (1981). *Otherwise than Being or beyond Essence*. New York: Springer.〔レヴィナス『存在の彼方へ』（合田正人訳，講談社学術文庫）〕

Levy, N. (2014). The value of consciousness. *Journal of Consciousness Studies* 21: 127–38.

Levy, N., and Savulescu, J. (2009). Moral significance of phenomenal consciousness. *Progress in Brain Research*, 177: 361–70.

Lillard, A. S. (1994). Making sense of pretence. In *Children's early understanding of mind: Origins and development*, Lewis, C., and Mitchell, P. (eds.), 211–34. New York: Psychology Press.

Lindsay, W. L. (1879). *Mind in the Lower Animals in Health and*

Disease. New York: Appleton.

Llinás, R. R., and Paré, D. (1991). Of dreaming and wakefulness. *Neuroscience* 44.3: 521–35.

Lohmar, D. (2007). How do primates think? Phenomenological analyses of non-language systems of representation in higher primates and humans. In *Phenomenology and the Non-human Animal*, Painter, C. and Lotz, C. (eds.), 57–74. New York: Springer.

———. (2016). *Denken ohne sprache: phänomenologie des nicht-sprachlichen denkens bei mensch und tier im licht der evolutionsforschung, primatologie und neurologie*. New York: Springer-Verlag.

Lopresti-Goodman, S. M., Kameka, M., and Dube, A. (2013). Stereotypical behaviors in chimpanzees rescued from the African bushmeat and pet trade. *Behavioral Sciences* 3.1: 1–20.

Louie, K., and Wilson, M. A. (2001). Temporally structured replay of awake hippocampal ensemble activity during rapid eye movement sleep. *Neuron* 29.1: 145–56.

Luce, G. (1966). Current research on sleep and dreams. Public Health Service Publication No. 1389. National Institute of Mental Health.

Lucretius, C. T. (1910). *On the Nature of Things*. Bailey, C. (trans.). Oxford: Oxford University Press. 〔ルクレーティウス『物の本質について』（樋口勝彦訳、岩波文庫）〕

Lyamin, O. I., Shpak, O. V., Nazarenko, E. A., and Mukhametov, L. M. (2002). Muscle jerks during behavioral sleep in a beluga whale (*Delphinapterus leu- cas L.*). *Physiology & Behavior* 76.2: 265–70.

Lyn, H., Greenfield, P., and Savage-Rumbaugh, S. (2006). The development of representational play in chimpanzees and bonobos: Evolutionary impli- cations, pretense, and the role of interspecies communication. *Cognitive Development* 21.3: 199–213.

Malcolm, N. (1956). Dreaming and skepticism. *Philosophical Review* 65: 14–37.

———. (1959). *Dreaming*. New York: Routledge.

Malinowski, J. E., Scheel, D., and McCloskey, M. (2021). Do animals dream? *Consciousness and Cognition* 95: 103214.

Mallatt, J., and Feinberg, T. E. (2016). Insect consciousness: Fine-tuning the hypothesis. *Animal Sentience* 1.9: 10.

Manger, P. R., and Siegel, J. M. (2020). Do all mammals dream? *Journal of Comparative Neurology* 528: 1–39.

Mann, J. (2018). *Deep Thinkers: Inside the Minds of Whales, Dolphins, and Porpoises*. Chicago: University of Chicago Press.

Mann, W. E. (1983). Dreams of immorality. *Philosophy* 58: 378–85.

Masson, J. M. (2009). *When Elephants Weep: The Emotional Lives of Animals*. New York: Delta. 〔マッソン『ゾウがすすり泣くとき』（小梨直訳、河出書房新社）〕

Matsuzawa, T. (2009). Symbolic representation of number in chimpanzees. *Current Opinion in Neurobiology* 19.1: 92–98.

———. (2011). Log doll: Pretense in wild chimpanzees. In *The Chimpanzees of Bossou and Nimba*. Matsuzawa, T., Humle, T., and Sugiyama, T. (eds.), 131–35. New York: Springer.

Matthews, G. B. (1981). On being immoral in a dream. *Philosophy* 56: 47–54.

Merleau-Ponty, M. (2013). *Phenomenology of Perception*. New York: Routledge.
Metzinger, T. (2003). *Being No One: The Self-model Theory of Subjectivity*. Cambridge: MIT Press. 〔メッツィンガー『エゴ・トンネル』（原塑／鹿野祐介訳，岩波書店）〕
———. (2009). *The Ego Tunnel: The Science of the Mind and the Myth of the Self*. New York: Basic Books.
Miller, G. A. (1962). *Psychology: The Science of Mental Life*. London: Pelican Books.
Mills, W. (1889). *A Textbook of Animal Physiology: With introductory chapters on general biology and a full treatment of reproduction, for students of human and comparative (veterinary) medicine and of general biology*. Boston: D. Appleton and Company.
Mitchell, R. W. (2016). Can animals imagine? In *Routledge Handbook of Philosophy of Imagination*, Kind, A. (ed.), 326–38. New York: Routledge.
Montaigne, M. (1877). *The Complete Essays of Michael de Montaigne*. Cotton, C. (trans.), Hazlitt, W. (ed.). https://gutenberg.org/files/3600/3600-h/3600-h.htm.
Montangero, J. (2012). Dream thought should be compared with waking world simulations: A comment on Hobson and colleagues' paper on dream logic. *Dreaming* 22: 70–73.
Morin, R. (2015). A conversation with Koko the gorilla: An afternoon spent with the famous gorilla who knows sign language and the scientist who taught her how to talk. *Atlantic*. August 28, 2015. https://www.theatlantic.com/technology/archive/2015/08/koko-the-talking-gorilla-sign-language-francine-patterson/402307/.
Morse, D. D., and Danahay, M. A., eds. (2017). *Victorian Animal Dreams: Representations of Animals in Victorian Literature and Culture*. New York: Routledge.
Mukobi [previously Williams], K. (1995). Comprehensive Nighttime Activity Budgets of Captive Chimpanzees (*pan troglodytes*). Master's thesis, Central Washington University.
Nagel, T. (1974). What is it like to be a bat? *Philosophical Review* 83: 435–50.
Newen, A., and Bartels, A. (2007). Animal minds and the possession of concepts. *Philosophical Psychology* 20.3: 283–308.
Nicol, S. C., Andersen, N. A., Phillips, N. H., & Berger, R. J. (2000). The echidna manifests typical characteristics of rapid eye movement sleep. *Neuroscience Letters* 283.1: 49–52.
Noë, A. (2009). *Out of Our Heads: Why You Are Not Your Brain, and Other Lessons from the Biology of Consciousness*. New York: Macmillan.
O'Neill, J., Senior, T. J., Allen, K., Huxter, J. R., and Csicsvari, J. (2008). Reactivation of experience-dependent cell assembly patterns in the hippocampus. *Nature Neuroscience* 11.2: 209–15.
O'Neill, J., Senior, T., and Csicsvari, J. (2006). Place-selective firing of CA1 py-ramidal cells during sharp wave/ripple network patterns in exploratory behavior. *Neuron* 49.1: 143–55.
O'Neill, O. (1997). Environmental values, anthropocentrism and speciesism. *Environmental Values* 6.2: 127–42.
Occhionero, M., and Cicogna, P. (2016). Phenomenal consciousness in dreams and in mind wandering. *Philosophical Psychology* 29.7: 958–66.

Ólafsdóttir, H. F., Barry, C., Saleem, A. B., Hassabis, D., and Spiers, H. J. (2015). Hippocampal place cells construct reward related sequences through unexplored space. *Elife* 4: e06063.

Ólafsdóttir, H. F., Bush, D., and Barry, C. (2018). The role of hippocampal replay in memory and planning. *Current Biology* 28.1: R37–R50.

Olthof, A., and Roberts, W. A. (2000). Summation of symbols by pigeons (*Columba livia*): The importance of number and mass of reward items. *Journal of Comparative Psychology* 114.2: 158.

Pagel, J. F., and Kirshtein, P. (2017). *Machine Dreaming and Consciousness*. Cambridge: Academic Press.

Pantani, M., Tagini, T., and Raffone, A. (2018). Phenomenal consciousness, access consciousness and self across waking and dreaming: bridging phenomenology and neuroscience. *Phenomenology and the Cognitive Sciences* 17.1: 175–97.

Pastalkova, E., Itskov, V., Amarasingham, A., and Buzsáki, G. (2008). Internally generated cell assembly sequences in the rat hippocampus. *Science* 321.5894: 1322–27.

Pearson, K. A., and Large, D. (2006). *The Nietzsche Reader*. Hoboken: Blackwell.

Peña-Guzmán, D. M. (2017). Can nonhuman animals commit suicide? *Animal Sentience* 20.1: 1–24.

———. (2018). Can nondolphins commit suicide? *Animal Sentience* 20.20: 1–22.

Pepperberg, I. M. (2012). Further evidence for addition and numerical competence by a Grey parrot (*Psittacus erithacus*). *Animal Cognition* 15.4: 711–17.

———. (2013). Abstract concepts: Data from a grey parrot. *Behavioural Processes* 93: 82–90.

Plato. (2000). *The Republic*. Ferrari, G. (ed.). Cambridge: Cambridge University Press. 〔プラトン『国家』(藤沢令夫訳、岩波書店)〕

Poovey, M. (1998). *A History of the Modern Fact: Problems of Knowledge in the Sciences of Wealth and Society*. Chicago: University of Chicago Press.

Preston, E. (2019). Was Heidi the octopus really dreaming? *New York Times,* October 8, 2019.

Ramsey, J. K., and McGrew, W. C. (2005). Object play in great apes. In *The Nature of Play: Great Apes and Humans*. Pellegrini, A. D., and Smith P. K. (eds.), 89–112. New York: Guilford Press.

Raymond, E. L. (1990). *An Examination of Private Signing in Deaf Children in a Naturalistic Environment*. Doctoral dissertation, Central Washington University.

Regan, T. (2004). *The Case for Animal Rights* Berkeley: University of California Press.

Rescorla, M. (2009). Chrysippus' dog as a case study in non-linguistic cognition. In *The Philosophy of Animal Minds*, Lurz, R. (ed.), 52–71. Cambridge: Cambridge University Press.

Revonsuo, A. (2000). The reinterpretation of dreams: An evolutionary hypothesis of the function of dreaming. *Behavioral and Brain Sciences* 23: 877–901.

———. (2005). The self in dreams. In *The Lost Self: Pathologies of the Brain and Identity*, Feinberg, T. and Keenan, J. P. (eds.), 206–19. Oxford: Oxford University Press.

———. (2006). *Inner Presence: Consciousness as a Biological*

Phenomenon. Cambridge: MIT Press.

Ridley, Matt. (2003). *Nature via Nurture: Genes, Experience, and What Makes Us Human*. New York: Harper Collins.

Ridley, R. M., Baker, H. F., Owen, F., Cross, A. J., and Crow, T. J. (1982). Behavioural and biochemical effects of chronic amphetamine treatment in the vervet monkey. *Psychopharmacology* 78.3: 245–51.

Robbins, T. W. (2017). Animal models of hallucinations observed through the modern lens. *Schizophrenia Bulletin* 43.1: 24–26.

Rock, A. (2004). *The Mind at Night: The New Science of How and Why We Dream*. New York: Basic Books. 〔ロック『脳は眠らない』（伊藤和子訳、ランダムハウス講談社）〕

Romanes, G. (1883). *Mental Evolution in Animals*. London: Kegan Paul Trench & Co.

Rosenthal, D. (1997). A theory of consciousness. In *The Nature of Consciousness*, Block, N. and Flanagan, O. J. (eds.), 729–54. Cambridge: MIT Press.

———. (2005). *Consciousness and Mind*. Cambridge: Clarendon Press.

Rotenberg, V. S. (1993). REM sleep and dreams as mechanisms of the recovery of search activity. In *The Functions of Dreaming,* Moffitt, A., Kramer, M., and Hoffmann, R. (eds.), 261–92. Albany: SUNY Press.

Rowe, K., Moreno, R., Lau, T. R., Wallooppillai, U., Nearing, B. D., Kocsis, B., Quattrochi, J., Hobson, J. A., and Verrier, R. L. (1999). Heart rate surges during REM sleep are associated with theta rhythm and PGO activity in cats. *American Journal of Physiology-Regulatory, Integrative and Comparative Physiology* 277.3: R843-R849.

Rowlands, M. (2009). *Animal Rights: Moral Theory and Practice*. London: Palgrave.

San Martín, J., and Peñaranda, M.L.P. (2001). Animal life and phenomenology. In *The Reach of Reflection: Issues for Phenomenology's Second Century*, Vol. 2, Crowell, S., Embree, L., and Julia, S. J. (eds.), 342–63. Boca Raton, Florida: Florida Atlantic University, the Center for Advanced Research in Phenomenology.

Santayana, G. (1940). *The Philosophy of George Santayana*, Volume 2, Schilpp, P. A. (ed.). New York: Tudor Publishing Company.

Sartre, J. P. (2004). *The Imaginary: A Phenomenological Psychology of the Imag- ination*. Hove: Psychology Press. 〔サルトル『イマジネール』（澤田直／水野浩二訳、講談社学術文庫）〕

Schmitt, V., and Fischer, J. (2009). Inferential reasoning and modality dependent discrimination learning in olive baboons (*Papio hamadryas anubis*). *Journal of Comparative Psychology* 123: 316.

Searle, J. R. (1998). How to study consciousness scientifically. *Philosophical Transactions of the Royal Society of London. Series B: Biological Sciences* 353: 1935–42.

Sebastián, M. Á. (2014a). Dreams: An empirical way to settle the discussion between cognitive and non-cognitive theories of consciousness. *Synthese* 2: 263–85.

———. (2014b). Not a HOT dream. In *Consciousness Inside and Out: Phenomenology, Neuroscience, and the Nature of Experience*. Brown, R. (ed.), 415–32. New York: Springer.

Shafton, A. (1995). *Dream Reader: Contemporary Approaches to the Understanding of Dreams*. Albany: SUNY Press.

Shepherd, Joshua. (2018). *Consciousness and Moral Status*. Oxfordshire: Taylor & Francis.

Shurley, J. T., Serafetinides, E. A., Brooks, R. E., Elsner, R., Kenney, D. W. (1969). Sleep in Cetaceans: I. The pilot whale, *Globicephala scammony*. *Psychophysiology* 6: 230.

Siebert, C. (2011). Orphans no more. *National Geographic* 220.3: 40–65.

Siegel, J. M., Manger, P. R., Nienhuis, R., Fahringer, H. M., and Pettigrew, J. D. (1998). Monotremes and the evolution of rapid eye movement sleep. *Philosophical Transactions of the Royal Society of London. Series B: Biological Sciences* 353.1372: 1147–57.

Siegel, J. M., Manger, P. R., Nienhuis, R., Fahringer, H. M., Shalita, T., and Pettigrew, J. D. (1999). Sleep in the platypus. *Neuroscience* 91.1: 391–400.

Siegel, R. K. (1973). An ethologic search for self-administration of hallucinogens. *International Journal of the Addictions* 8.2: 373–93.

Siegel, R. K., Brewster, J. M., and Jarvik, M. E. (1974). An observational study of hallucinogen-induced behavior in unrestrained *Macaca mulatta*. *Psychopharmacologia* 40.3: 211–23.

Siegel, R. K., and Jarvik, M. E. (1975). Drug-induced hallucinations in animals and man. In *Hallucinations: Behavior, Experience and Theory*, Siegel R. K. and West, L. J. (eds.), 163–95. Hoboken: John Wiley & Sons.

Siewert, C. (1994). Speaking up for consciousness. In *Current Controversies in Philosophy of Mind*, Kriegel, U. (ed.), 199–221. New York: Routledge.

———. (1998). *The Significance of Consciousness*. Princeton: Princeton University Press.

Simondon, G. (2011). *Two Lessons on Animal and Man*. Minnesota: University of Minnesota Press.

Singer, Peter. (1995). *Animal Liberation*. New York: Random House.

Smith, J. D. (2009). The study of animal metacognition. *Trends in Cognitive Sciences* 13.9: 389–96.

Smith, J. D., and Washburn, D. A. (2005). Uncertainty monitoring and metacognition by animals. *Current Directions in Psychological Science* 14: 19–24.

Smith, J. D., Couchman, J. J., and Beran, M. J. (2012). The highs and lows of theoretical interpretation in animal-metacognition research. *Philosophical Transactions of the Royal Society B: Biological Sciences* 367: 1297–1309.

Solms, M. (2021). *The Hidden Spring: A Journey to the Source of Consciousness*. New York: WW Norton & Company. 〔ソームズ『意識はどこから生まれてくるのか』（岸本寛史／佐渡忠洋訳、青土社）〕

Sosa, E. (2005). Dreams and philosophy. *Proceedings and Addresses of the American Philosophical Association* 79.2: 7–18.

Sparrow, R. (2010). A not-so-new eugenics: Harris and Savulescu on human enhancement. *Asian Bioethics Review* 2.4: 288–307.

Stahel, C. D., Megirian, D., and Nicol, S. C. (1984). Sleep and metabolic rate in the little penguin, *Eudyptula minor*. *Journal of*

Comparative Physiology B 154.5: 487–94.

Starr, Michelle. (2019). Watch the Mesmerising Colour Shifts of a Sleeping Octopus. Online Video. Science Alert, September 27, 2019. https://www.sciencealert.com/watch-the-mesmerising-colour-shifts-of-a-sleeping-octopus.

Stein, E. (1989). *Zum problem der einfühlung* [*On the problem of empathy*]. Stein, W. (trans.). Washington, DC: ICS Publications.

Steiner, G. (1983). The Historicity of Dreams (Two questions to Freud). *Salmagundi* 61: 6–21.

Stephan, A. (1999). Are animals capable of concepts? *Erkenntnis* 51.1: 583–96.

Stone, C. D. (2010). *Should Trees Have Standing?: Law, Morality, and the Environment*. Oxford: Oxford University Press.

Strawson, G. (2009). *Mental Reality, with a New Appendix*. Cambridge: MIT Press.

Tayler, C. K., and Saayman, G. S. (1973). Imitative behaviour by Indian Ocean bottlenose dolphins (*Tursiops aduncus*) in captivity. *Behaviour* 44: 286–98.

Thomas, N. J. (2014). The multidimensional spectrum of imagination: Images, dreams, hallucinations, and active, imaginative perception. *Humanities* 3.2: 132–84.

Thompson, E. (2007). *Mind in Life: Biology, Phenomenology, and the Sciences of Mind*. Cambridge: Harvard University Press.

———. (2015). *Waking, Dreaming, Being: Self and Consciousness in Neuroscience, Meditation, and Philosophy*. New York: Columbia University Press.

Uller, C., and Lewis, J. (2009). Horses (*Equus caballus*) select the greater of two quantities in small numerical contrasts. *Animal Cognition* 12.5: 733–38.

Underwood, E. (2016). Do sleeping dragons dream? *Science Magazine*. April 28, 2016. https://www.sciencemag.org/news/2016/04/do-sleeping-dragons-dream.

Uexküll, J. (2013). *A Foray into the Worlds of Animals and Humans: With a Theory of Meaning*. Minnesota: University of Minnesota Press. 〔ユクスキュル『生物から見た世界』（日高敏隆／羽田節子訳、岩波文庫）〕

Valatx, J. L., Jouvet, D., and Jouvet, M. (1964). EEG evolution of the different states of sleep in the kitten. *Electroencephalography and Clinical Neurophysiology* 17.3: 218–33.

Van Cantfort, T. E., Gardner, B. T., and Gardner, R. A. (1989). *Teaching Sign Language to Chimpanzees*. Albany: SUNY Press.

Van der Kolk, B. (2015). *The Body Keeps the Score: Brain, Mind, and Body in the Healing of Trauma*. London: Penguin. 〔ヴァン・デア・コーク『身体はトラウマを記録する』（柴田裕之訳、紀伊國屋書店）〕

Van Twyver, H., and Allison, T. (1972). A polygraphic and behavioral study of sleep in the pigeon (*Columba livia*). *Experimental Neurology* 35.1: 138–53.

Vanderheyden, W. M., George, S. A., Urpa, L., Kehoe, M., Liberzon, I., and Poe, G. R. (2015). Sleep alterations following exposure to stress predict fear-associated memory impairments in a rodent model of PTSD. *Experimental Brain Research* 233.8: 2335–46.

Varela, F. J. (1999). The specious present: A neurophenomenology of time consciousness. In *Naturalizing*

Phenomenology, Petitot, J., Varela, F. J., Pachoud, B., & Roy, J.-M. (eds.), 266–314. Palo Alto: Stanford University Press.

Visanji, N. P., Gomez-Ramirez, J., Johnston, T. H., Pires, D., Voon, V., Brotchie, J. M., and Fox, S. H. (2006). Pharmacological characterization of psychosis-like behavior in the MPTP-lesioned nonhuman primate model of Parkinson's disease. *Movement Disorders: Official Journal of the Movement Disorder Society* 21.11: 1879–91.

Voltaire. (1824). Imagination. In *A Philosophical Dictionary*, Hunt, J., & Hunt, H. L. (eds.), 116–24. New York: Alfred A. Knopf.

Vonk, J., and Beran, M. J. (2012). Bears "count" too: Quantity estimation and comparison in black bears, *Ursus americanus*. *Animal Behaviour* 84.1: 231–38.

Voss, U. (2010). Lucid dreaming: Reflections on the role of introspection. *International Journal of Dream Research* 3.1: 52–53.

Voss, U., and Hobson, A. (2014). What is the state-of-the-art on lucid dreaming? Recent advances and questions for future research. In *Open MIND*, Metzinger, T. &Windt, J. M. (eds.), 38(T). Frankfurt: MIND Group.

Walker, J. M., and Berger, R. J. (1972). Sleep in the domestic pigeon (*Columba livia*). *Behavioral Biology* 7.2: 195–203.

Walsh, R. N., and Vaughan, F. (1992). Lucid dreaming: Some transpersonal implications. *Journal of Transpersonal Psychology* 24: 19.

Walton, K. L. (1990). *Mimesis as Make-believe: On the Foundations of the Representational Arts*. Cambridge: Harvard University Press. 〔ウォルトン『フィクションとは何か』（田村均訳，名古屋大学出版会）〕

Warren, M. A. (1997). *Moral Status: Obligations to Persons and Other Living Things*. Cambridge: Clarendon Press.

Watanabe, S., and Huber, L. (2006). Animal logics: Decisions in the absence of human language. *Animal Cognition* 9.4: 235–45.

West, R. E., and Young, R. J. (2002). Do domestic dogs show any evidence of being able to count? *Animal Cognition* 5.3: 183–86.

Willett, C. (2014). *Interspecies Ethics*. New York: Columbia University Press.

Windt, J. M. (2010). The immersive spatiotemporal hallucination model of dreaming. *Phenomenology and the Cognitive Sciences* 9: 295–316.

Windt, J. M. (2015). *Dreaming: A Conceptual Framework for Philosophy of Mind and Empirical Research*. Cambridge: MIT Press.

Windt, J. M., and Metzinger, T. (2007). The philosophy of dreaming and self-consciousness: What happens to the experiential subject during the dream state. In *The New Science of Dreaming, Volume 3: Cultural and Theoretical Perspectives*, Barrett, D., and McNamara, P. (eds.), 193–247. West- port: Praeger Publishers.

Windt, J. M., and Voss, U. (2018). Spontaneous thought, insight, and control in lucid dreams. In *The Oxford Handbook of Spontaneous Thought: Mind-Wandering, Creativity, and Dreaming*, Fox, K., and Christoff, K. (eds), 385–410. Oxford: Oxford University Press.

Wittgenstein, L. (1958). *Philosophical Investigations*. Anscombe, GEM (trans.). Oxford: Oxford University Press. 〔ウィトゲン

シュタイン『哲学探究』(鬼界彰夫訳、講談社)〕

Wolfe, C. (2013). Learning from Temple Grandin, or, animal studies, disability studies, and who comes after the subject. In *Re-Imagining Nature, Environmental Humanities and Ecosemiotics*, Carey, J., Cohen, J. J., Faull, K. M., Maran, T., Moran, D., Oleksa, M., Radding, C., Reese, S., Shanley, K. W., and Wolfe, C. (eds.), 91–107. Lewisburg: Bucknell University Press.

Yu, B., Cui, S. Y., Zhang, X. Q., Cui, X. Y., Li, S. J., Sheng, Z. F., Cao, Q., Huang, Y. L., Xu, Y. P., Lin, Z. G., and Yang, G. (2015). Different neural circuitry is involved in physiological and psychological stress-induced PTSD-like “nightmares” in rats. *Scientific Reports* 5.1: 1–14.

——— . (2016). Mechanisms underlying footshock and psychological stress-induced abrupt awakening from posttraumatic “nightmares.” *International Journal of Neuropsychopharmacology* 19: 1–6.

Zahavi, D. (2014). *Self and Other: Exploring Subjectivity, Empathy, and Shame*. Oxford: Oxford University Press. 〔ザハヴィ『自己と他者』(中村拓也訳、晃洋書房)〕

Zepelin, H. (1994). Mammalian Sleep. In *Principles and Practice of Sleep Medicine*, Kryger, M. H., Roth, T., and Dement, W. C. (eds.), 69–80. Philadel- phia: W.B. Saunders Company.

Zhang, Q. (2009). A computational account of dreaming: Learning and memory consolidation. *Cognitive Systems Research* 10.2: 91–101.

索引

た行

ら行

原註

■はじめに　眠りの最前線

1　Carson (1994), p.25.

2「タコ――我が家へようこそ」（原題は“Octopuses: Making Contact”）は PBS で 2019 年 10 月 2 日に放映された。

3　この番組は以下で視聴できる。https://www.pbs.org/video/octopus-dreaming-trept6/

4　Santayana (1940), p.303.

5　古代ローマの哲学者ルクレティウスは、紀元前 1 世紀に書いた『物の本質について』で動物の夢について論じている。Lucretius (1910), pp.176–77 を参照。

6　Halton (1989), p.9.

7「夢」や「夢を見る」といった用語は、マンガーとシーゲルのものを除けば、動物の睡眠について書かれた論文ではまず見ることはない（ナショナル・ジオグラフィック、ザ・インディペンデンス、BBC ニュースのような媒体で論文が紹介される場合は別である）。重要な例外として Malinowski, Scheel, and McCloskey (2021) が挙げられるが、この論文は本書を大方書き終えたあとに出版されたため、残念ながらここでは扱わない。少なくとも一部の動物は夢を見るかもしれないという考えは、人間の夢を扱った論文に現れることがあり、その方面の専門家の方が柔軟に対処しているようにも見える。Jouvet (1962, 1979, 2000) や Hartmann (2001) がその好例だろう。とはいえ、心理学者や神経科学者で夢の研究をしている者の大半は、依然として、人間の夢（実証的研究の対象として妥当だと主張されているもの）と動物の夢（具体的なこと、ときにはその存在についてさえも何も言えないと主張されているもの）の間に間違った断層線を設けているのが実情だ。

8「夢幻様行動」とは、生き物が睡眠中、特に夢を見ているときに見せる、さまざまな動作のこと。睡眠時の走行、けんか、発声、急速眼球運動（REM）などが含まれる。

9「心的再生」とは、動物が覚醒時の行動を再現しているように見える脳活動のパターンのこと。睡眠周期のさまざまな段階で示される。

10　人間に夢幻様行動が観察されると、その行動は意識経験と相関があるとか、内的な現実が外的に表現されたものなどと解釈される。一方で、それが動物に見られた場合は、主観的な意味をもたず、意識とも関係のない生理的な事象とみなされることが多い。同様に、睡眠中の人間が特定の神経活動パターンを示すと、「夢を見ている」のはほぼ間違いないとみなされるが、同様のパターンが動物に見つかっても、科学者たちはすぐに頭を切り替えて、「心的再生」という用語を代わりに使いはじめる。この 2 つの言葉は似ているように思えるかもしれないが、実はそうではない。決定的な違いは、夢が何らかの意識を伴う「生きられた現実」であるのに対し、心的再生は（科学者の定義によると）意識なしで進展可能な認知プロセスだという点だ。

11　Griffin (1998), p.13 を参照。批判的動物研究の専門家は、精神恐怖症の起源を、西洋哲学の人間主義的偏見、ユダヤ - キリスト教的価値による人間中心主義的な教え、

17世紀科学革命の機械論的な精神など、さまざまな歴史に求めている。たとえば、ドナルド・グリフィンは、その起源を行動主義心理学の理論的関与に見いだした(Griffin, 1998)。フランスの哲学者ヴァンシアンヌ・デプレは、グリフィンとは違う考えで、精神恐怖症は19世紀後半に生まれたとしている。19世紀後半は、科学者が、「アマチュア、ハンター、育種家、調教師、介護者、博物学者」など動物の権威とされてきた他の社会的アクターと差別化をすることで、自らの「職業的アイデンティティ」を確立しはじめた時代だった(Despret, 2016, p.40)。動物行動研究における心にまつわる概念を放棄する試みは、科学が動物に関する知識の唯一の信頼できる発信源になるための戦略の一部であり、それは、「科学的実践が脱却しようとした思考や知識獲得の様式、すなわちアマチュアの様式」の資格を剥奪しなければ実現しえないものだった(p.40)。

12　アカデミアの外にいる人にとって、動物は意識をもたないと堂々と主張する学者がいることは大いなる驚きだろう。そうした学者のなかで特に有名なのは哲学者のピーター・カラザーズで、そのテーマについて多くの論文や書籍を発表している(Carruthers, 1989, 1998, 2008)。彼によると、動物は、私たち人間が周囲に対する認識を失うとき(たとえば、ずっと運転をしていて頭が「ぼうっと」するとき)に陥るのと同様の「精神の暗闇」のなかに生きているのだという。こうした立場に立つのはカラザーズだけでない。たとえば、感情にまつわる神経科学の専門家として名高いジョゼフ・ルドゥーは、動物には恐怖などの基本的な感情ですら帰属させるべきではないと主張している。そうした感情を動物が本当に経験しているかは断定できないと考えているからだ(LeDoux, 2013)。同様に、生物学者のマリアン・ドーキンスは、動物の内面生活については「戦闘的不可知論者」になるよう科学者たちに訴えかけている(Dawkins, 2012, p.177)。

13　動物は「思考をもたない獣」だというノーマン・マルコムの宣言は、彼の人間中心主義的構想の一つの側面でしかない。マルコムが『ドリーミング』(1959)で主張したもう一つの側面が「言語による夢の解釈」だ。マルコムの立場は、言語を操れる生き物だけが夢を見るための主観的能力をもつという、単純なものではない。夢の内容は、それを言語で報告したものとまったく同一だというのが、彼の見方だ。しかし、科学哲学者のイアン・ハッキングが鋭く見抜いたように、その説明では、夢はそれを思い出すことで遡及的に生み出されるように聞こえ、そうだとすれば、思い出せない夢はそもそも存在していなかったという馬鹿げた結論にいたってしまう(Hacking, 2004, p.232)。マルコムは明らかに、自分の立場を動物に対する武器として使い、動物は夢を見られないから報告できないのではなく、報告できないから夢を見られないのだと主張しているのだ。

14　一般に、「外面記述」は、定量的測定や間主観的な確認の対象となる、物事の客観的状態を特権化するのに対し、「内面記述」は、信念、意図、感情など実証的方法を用いて研究するのが困難な主観的現実に左右される。動物哲学者のエリザ・アアルトラは次のように述べている。「内面記述は主観的な経験を重視するが、外面記述は機械的な説明を重く見る。つまり、前者は意図的に見える行動を動物の経験や認知状態によって説明し、後者はそれを機械的な本能、行動主義、脳生理学といった事柄で説明するのだ」(Aaltola, 2010, p.71)。

15　心理学者C. ロイド・モーガンにちなんで名づけられた「モーガンの公準」とは、動物行動の複雑な説明は、その単純な説明より信頼性が低いとする信念のことだ。この基準に従えば、研究者は、解剖学的、生理学的概念のみからなる低水準の説明を可能なかぎり受け入れなければならない。その低水準の説明では不十分な場合だけ、心理学的、認知的概念を取り入れた高水準の説明が必要となるわけだ。モーガンの公準の問題点は、少なくとも理論上は、もっとも複雑な意図的、社会的行動についても、低水準の説明が常に可能だということだ。それに加えて、霊長類学者のフランス・ドゥ・ヴァールが述べているように、この基準は容易に自己成就的な予言となりうる。つまり、動物行動に低水準の説明を求めるのは、動物には複雑な心がないと仮定しているからであるにもかかわらず、私たちは、どこを見ても低水準の説明しかないために、動物は複雑な心をもっていないと信じてしまうのである（de Waal, 2016, pp.42–45）。

16　残念なことに、この哲学的議論に加わる科学者の多くは、関連する哲学文献に精通しているとは言い難い。その結果、「他者の心の問題」を実際以上に決定的なものと受け止めたり、それによって実際には是認したくない立場に追い込まれる可能性があることに気づかなかったりする。たとえば、他者の心の問題は動物だけに適用されるのか、人間にも適用されるのか？　人間に適用されるとすれば、文化、宗教、国籍によって違いはあるのか？　この問題は解決できるのか？　他者の心がわかるということがありえるのか？　どうやらそれはありそうもない。この問題を厳密に適用しようとすれば、ほとんどの人が否定するような、極端なかたちの独我論にたどりつく可能性がある。だとすれば、動物の意識に関する議論において、この問題はどの程度の影響力をもつべきだろうか？

17　夢の専門家たちは、レム睡眠中の夢は、ニューロン活動——脳橋（P）から始まって外側膝状体（G）を通過し、後頭葉波（O）で視覚経験を合成する——の急峻な高まりによって引き起こされると考えている。この「活性化 - 合成仮説」は、1970年代にアラン・ホブソンとロバート・マッカリーが発展させたものだが、現在では、神経科学を通じて夢を研究する際の標準的な見方となった（Hobson and McCarley, 1977を参照）。第1章で説明するように、人間のPGO波に該当する現象は人間以外の種、たとえばゼブラフィッシュなどでも見つかっている。

18　これは、夢の科学において言語による報告が利用されないということではない。今日発表されている夢に関する科学研究の成果の大半が、夢の行動的、神経科学的な側面に注目しているということだ。それに加えて、言語による報告には、記憶の想起の正確性に関わる多くの欠点があることを研究者が受け入れるようになり、そうした報告に対する熱狂は薄れてきている。

19　動物が夢を見ているか否かは、その内面生活に直接アクセスできない以上、確実に知ることは決してできないだろう。しかし、科学は「確実」なものだけを扱う営みではない。もっとも強力な科学の主張とは確率的なものであり、それゆえ場合によっては否定できる判断である。その判断の認識的価値は、それが確実に真であることではなく、多少なりとも裏づけがあることから生じているのだ。

20　私は自分の立ち位置は科学と哲学の間にあると考えているが、その点において、プーヴィーによる科学的事実に基づいた社会構築の説明（Poovey, 1998）に影響を受

けている。

21　本書の執筆にあたり、私は動物が夢を見ているという説を支持する研究者たちの見解に多くを負っている。そうした研究者とは、ゲイ・ルース、ミシェル・ジュヴェ、アーネスト・ハルトマン、ケンウェイ・ルイ、マシュー・ウィルソン、ポール・マンガー、ジェローム・シーゲル、マーク・ベコフ、ボリス・シリュルニクなどだ。だが本書は、これらの研究者たちの成果を踏まえながらも、次の3つの重要な点でさらに先に進んでいる。第一に、上記の研究者たちは皆、動物が夢を見ている証拠に言及しているが、それらをまとめようとはしていない。私は第1章でその統合を試みている。第二に本書では、これまでにないくらい体系的に動物の夢がもつ哲学的含意を考察している。第三は、本書の射程の広さである。実際、すでにこの「はじめに」だけでも、ジュヴェを除く上記の研究者たちがこのテーマについて発表したものよりも長くなっている。

■第1章　動物の夢の科学

1　Darwin (1891), p.169.

2　Lindsay (1879), p.94.

3　Lindsay (1879), p.95.

4　Morse and Danahay (2017).

5　カントは、動物には過去に起きた出来事を想起する「再生的」想像の力があると信じていた。だがその一方で、「想像力」と言ったときに私たちが真っ先に思い浮かべるような能力、つまり「生産的」想像の力は動物にはないとも考えていた（Fisher, 2017）。生産的想像力をもっていれば、たとえ直接経験しえない事象であっても、新たに生み出すことができる。動物の想像力に関する議論については第3章を参照。

6　ロマーニズは、想像力は4つの段階で現れると述べている。第一段階の想像力は、ある物体を知覚することによって、その知覚行為からは得られない物体の属性を想起するときに生じる（遠くからオレンジを見て、その匂いを思い出すときなど）。第二段階は、動物が自分の環境に存在しない物体を、存在する別の物体から連想して心のなかで視覚化するときに生じる（水を見てワインを連想し、ワインの入ったグラスを視覚化するときなど）。第三段階は、周囲からの手がかりなしに、自発的に、自分の意思で対象を思い描くときに起こる。最後の第四段階は、「新しい理想の組み合わせを得ることだけを目的として、意図的に心像を形成」する（Romanes, 1883, p.144）。ロマーニズは、動物は「人間に特徴的な」（p.144）第四段階の想像力をもっていないが、第一から第三段階の想像力をもっていることは確かだと考えていた。特に夢は、外部からの手がかりなしに対象を視覚化するものであり、第三段階に相当する主張した（p.148）。この3世紀前には、フランスのモラリスト、ミシェル・ド・モンテーニュが同様の意見を述べている。「獣ですら、人間と同じように想像の力に影響される。飼い主を失った悲しみで死んでしまったり、眠りながら鳴いたり、震えたり、飛び上がったりする犬を目撃したことがある。馬だって眠りながら蹴ったり、いなないたりするだろう」（Montaigne, 1877）。

7　Romanes (1883), p.148.

8　Romanes (1883), p.148.

9　それ以外には、ジャン＝シャルル・ウゾー、ロバート・マクニッシュ、ヨハン・ベヒシュタイン、トマス・ジャードン、ジョルジュ＝ルイ・ルクレール（ビュフォン伯）といった名前も挙げられている。

10　哲学者もまた、この話題に魅了された。スペインの哲学者ホセ・ミゲル・グアルディアは、1892年に「レビュー・フィロソフィック・ドゥ・ラ・フランス・エ・ドゥ・レトランジェ」に発表した論文で、動物の夢について述べている。精神分析学の父ジークムント・フロイトはこの論文に影響を受け、のちに『夢判断』のなかで動物の夢について言及することになる。ビネは、デ・サンクティスの著作のレビューのなかで、アメリカの哲学者メアリー・ホイットン・カルキンズの仕事にも言及している。彼女は夢の統計に関する重要なエッセイを書き、その後、1905年と1918年に、それぞれアメリカ心理学会とアメリカ哲学協会の最初の女性会長になった。

11　20世紀前半に心理学の頂点に君臨した行動主義は、19世紀の心理学の直観主義的手法を否定し、心理学が科学となるためには、公に観察可能な事実、すなわち行動の研究に限定しなければならないと主張した。これは、「心」「観念」「記号」「スキーマ」「思考」「感情」「表象」といった精神論的な概念を排除することを意味した。1950年代から1960年代にかけての認知革命は、このアプローチに抵抗し、心理学に対して、心の内部構造を明らかにするという本来の使命に立ち返るよう要求した。1970年代から1980年代にかけて、心理学者たちは行動主義との関係をほぼ断ち切り、再び心的状態について議論するようになった。だが多くの心理学者は、人間の行動研究では行動主義的な原理から離れる一方で、動物の行動研究においては行動主義的な原理を公然と擁護しつづけ、進化生物学、動物学、倫理学などの分野において、行動主義に領土を譲ることになった。認知革命に関心がある読者は、歴史的概観については Gardner (1987) を、哲学的擁護については Baars (1986) を参照するとよい。

12　de Waal (2016).

13　主流派の代表的な立場が Foulkes (1990) だ。人間の場合、夢を見る能力は幼少期に徐々に発達し、通常は象徴能力の発達と同期しているため、夢は象徴能力に依存していると考えられることが多い。

14　Dumpert (2019).

15　キンカチョウの歌は音楽的に複雑なもので、音が音節を構成し、音節がモチーフを構成している。歌の習得は生得的ではなく、学習によるものである（Derégnaucourt and Gahr, 2013）。

16　Dave and Margoliash (2000), p.815.

17　Dave and Margoliash (2000), p.812.

18　「リプレイには現象学が伴わない」というのは、哲学者のトマス・ネイゲルの表現を借りれば、キンカチョウのリプレイには「そのようなこと（it is like）」が一切ないということだ。現象的意識は、ネイゲルもそう定義したように、見る、嗅ぐ、味わう、痛みを感じるといった質的経験に関連している（Nagel, 1974）。ネド・ブロックは、それに加えて、外部からの刺激に左右されない主観的状態、たとえば、自身の思考、欲望、感情、情動、内的感覚もこのカテゴリーに含めている（Block, 1995）。

19 神経生物学では、神経で生じる事象にとって時間は重要な意味をもつという共通認識がある。Thompson (2007) では、Varela (1999) による神経活動の「1/10 スケール」と「1 スケール」の区別を借用して、1/10 スケール（10 〜 100 ミリ秒）で展開する事象は早すぎて現象学的な相関をもたないかもしれないが、1 スケール（250 ミリ秒〜数秒）で展開する事象は、主体にとって「今起きている」という感覚をもたらしえると論じている。「この神経力学的な今は、現在という認知的瞬間の神経基盤である」とトンプソンは書いている（p.334）。

20 CA1 錐体細胞の CA は、ラテン語の cornu Ammon（アンモンの角）が由来。アンモンはエジプトの神で、羊の角をもっているとされる。

21 この実験についてはドゥアンヌも言及している（Dehaene, 2014, p.207）。ドゥアンヌによると、ケージの壁の色や土を変えるなどして、ラットに自分が思っている場所とは別の場所にいると思わせると、その海馬細胞は、ラットがどれくらいうまく騙されたかにもよるが、2 つの解釈の間をどちらかに落ち着くまで「揺れ動く」のだという。

22 Louie and Wilson (2001), p.154.

23 Louie and Wilson (2001), p.146.

24 Louie and Wilson (2001), p.149 を参照。ルイらは、レム睡眠中に海馬の活動の進行が遅くなるのは、覚醒時と睡眠時で体温が異なるせいかもしれないと指摘している。「シータ波の周波数は脳の温度に敏感に反応する一方、脳の温度は睡眠中に低下するのが一般的であるため、レム睡眠の再活性化の基盤となる神経プロセスも同様に遅くなる可能性が示唆される」（p.154）。

25 ベンダーとウィルソンは、リプレイの実験を介して、ラットの夢の内容を変えられることを示した（Bendor and Wilson, 2012）。睡眠中に異なる刺激を与えると、脳の活性化パターンが変化し、高い確率で新しい夢の経験がもたらされる。

26 Louie and Wilson (2001), p.149.

27 Louie and Wilson (2001), p.151.

28 Louie and Wilson (2001), p.153.

29 ブレレトンは、覚醒時の海馬の活動がレム睡眠中の活動とは一致しても、ノンレム睡眠中のものとは一致しないことを観察している（Brereton, 2000）。ブレレトンはまた、Rotenberg (1993) を引用して、「ラット、ウサギ、ネコの海馬には、覚醒時の探索、生存活動とレム睡眠という 2 つの異なる代謝状態において、ゆっくりとした大きなシータ波が存在する」（p.387）ことを示す臨床的な証拠があると述べている。

30 「シミュレーション」という言葉は非常に重要で、人間の夢の研究にしばしば登場する。アンティ・レヴォンスオの夢の理論では、夢は内部で生成される現実のシミュレーションだとされている（Revonsuo, 2000, 2005）。

31 Leung et al. (2019), p.201 を参照。ここでレオンらは、2 つの睡眠状態を隔てるのは、睡眠不足による影響の違いだと結論づけている。ゼブラフィッシュが睡眠不足になったとき、SBS には「睡眠リバウンド」が必要だが、PWS には必要ない。これは哺乳類における睡眠不足の影響に関する研究と一致している。哺乳類もまた、ノンレム睡眠には睡眠リバウンドが必要だが、レム睡眠には必要ない。魚の PWS と哺乳類のレム睡眠の違いのひとつは、前者には急速眼球運動がないことである（p.201）。

しかし、急速眼球運動の欠如を夢体験の欠如と同一視しないように注意しなければならない。夢体験の行動マーカーは種によって異なる可能性があるからだ。

32　Leung et al. (2019), p.203 を参照。MCH ニューロンは、MCH（メラニン凝集ホルモン）を発現する脳室周囲上衣細胞である。切除実験により、MCH2 ニューロンが損傷すると、ゼブラフィッシュは夜間の睡眠量が全体的に減少するなど、睡眠パターンに乱れが生じることが立証された。「これらの結果は、MCH シグナルが、ゼブラフィッシュの睡眠量を調節する PWS シグナルの活性化において重要な役割をもつことを示している」（p.203）。

33　Solms (2021), p.26ff.

34　レオンらは、こうした兆候を「不可知論に基づいて」、つまり、それに伴う現象学に対する態度を決めずに研究するだけだと述べている（Leung et al., 2019, p.198）。彼らによると、SBS と PSW に関連する根本的な神経因子の「不可知論的識別」が、「羊膜類（哺乳類、鳥類、爬虫類）の拡散」以前に進化した、現代の二相性睡眠の進化的起源を理解する助けとなるという。だが、私にしてみれば、この奇妙な不可知論が、動物の夢に関する理論を明確にする妨げになっている。先述のデイブとマーゴリアッシュの場合と同様に、この立場は、レオンのチームが、睡眠中の動物の精神活動の問題に自分たちの発見が関係しうることを認識するのを妨げている。

35　この動画は以下で視聴できる。www.youtube .com/ watch?v=wI8Xg J3JebE.

36　「はじめに」の原注 15 を参照。

37　Preston (2019), p.1.

38　これ以外に 2 つの事実が関係している。ひとつは、睡眠中の体色変化が記録されているタコはハイジだけではないこと（Starr, 2019）。もうひとつは、共時的に制御され、通時的に一貫したディスプレイを見せる種はタコだけではないことだ。カモノハシもそうなのである。シーゲルらは、カモノハシがレム睡眠に入るときに、好物のひとつである淡水産甲殻類を食べるときと同じ咀嚼動作をする場合が多く見られることを示している（Siegel et al., 1999, p.392）。

39　Chase and Morales (1990) を参照。

40　「応答」と「反応」の区別はデリダの使用例に倣ったものだ（Derrida, 2002）。デリダはその区別を、意図的な行動（生物の利益、目的、欲望との関係においてのみ意味をなす行動）と無意識の反応（反射反応のような、現象学や心理学の概念を参照しなくても理解できる機械的行動）とを分けるために用いている。

41　急速眼球運動のような睡眠中の特定の行動は、夢の現象学を示す行動指標として広く認識されているが、普遍的なものではない。ブルームバーグもその立場を批判する一人で、急速眼球運動は「切断」動物（大脳皮質と脳幹を切り離した動物）でも生じるため、その行動に特別なものはないとする「個体発生的仮説」を掲げている（Blumberg, 2010）。

42　Frank et al. (2012), p.5 を参照。ゴドフリー＝スミスは、「イカの睡眠は、私たちが夢を見るときのような、一種の急速眼球運動（REM）睡眠のように見える」と書いている（Godfrey-Smith, 2017, p.73）。

43　Frank et al. (2012), p.2.

44　この結論は、Duntley, Uhles, and Feren (2002) および Duntley (2003, 2004) での発見と

同様のものである。

45 Frank et al. (2012), p.2.

46 ルイとウィルソンは、レム睡眠中にRUNと同一の神経パターンが現れるのは偶然ではないと、はっきりと述べている（Louie and Wilson, 2001, p.147）。

47 Frank et al. (2012), p.5.

48 Frank et al. (2012), p.5.

49 人間については、MacWilliam (1923)、Aserzinsky and Kleitman (1953)、Snyder et al. (1964)、Nowlin et al. (1965)、Somers et al. (1993) を参照。ネコについては、Baccelli (1969)、Baust and Bohnert (1969)、Baust, Holzbach, and Zechlin (1972)、Rowe et al. (1999) を参照。イヌについては、Kirby and Verrier (1989)、Dickerson et al. (1993) を参照。ラットについては、Sei and Morita (1996) を参照。

50 Lacrampe (2002).

51 Leung et al. (2019).

52 Rowe et al. (1999), p.845.

53 コーナーは、レム睡眠中のイカの体色変化は覚醒時の体色変化と似ていると主張している（Corner, 2013）。

54 Frank et al. (2012), p.5.

55 Frank et al. (2012), p.5を参照。フランクらは、イカの幼体にはレム睡眠がないことを発見した。レム睡眠は成体だけに見られるのだ。彼らはその理由が「神経の成熟度の違い」にあると考えている（p.6）。

56 この研究「飼育チンパンジー（*Pan troglodytes*）の包括的な夜間活動配分」は、ムコビがセントラル・ワシントン大学の修士論文として提出したもの。

57 Mukobi (1995), p.59.

58 もちろん、少し手が動いたくらいでは正確なハンドサインにはならないが、ムコビは、眠っている人間もしばしば訳のわからない寝言をつぶやく点を指摘している。「それゆえ、睡眠中のサインが起きているときのサインと同じくらい正確であると期待すべきではない」（Mukobi, 1995, p.58）。

59 Mukobi (1995), pp.47–48.

60 眠っているワショーが「コーヒー」のサインを示したという話を聞いたとき、なぜチンパンジーがコーヒーのことを知っているのかと不思議だったが、実はその研究所のチンパンジーはたまにコーヒーを飲むことがあるのだという。そして当然ながら、コーヒーが飲みたければ、その旨を伝える必要がある。「コーヒーメイカーは台所にあるのですが、台所とチンパンジーの部屋の間には大きな窓があって、そこから私たちがしていることが見えるようになっています。食事を作ったり、コーヒーを注いだり、おしゃべりをしたりなんかですね。追加で欲しいものがある場合は、チンパンジーが教えてくれるのですが、コーヒーを欲しがることもたまにあります。毎日じゃありません。時折興味を示すと、誰かが作って一口飲ませてあげるのです（もちろん、冷ましてからです）」（ムコビからの私信）。ムコビの研究に参加し、チンパンジーの養育を行ったアレン・ガードナーとベアトリクス・ガードナーは、チンパンジーが小さい頃からコーヒーの概念を教えていたという。Van Cantfort, Gardner, & Gardner (1989) を参照。

61 Mukobi (1995), p.59.

62 ムコビからの私信。

63 ムコビは、1973年にカラカン、サリス、ウィリアムズが行った人間の寝言の研究を引用して、その研究は「寝言は夢を見ていることのもうひとつの指標かもしれないと結論づけた」と述べている（Mukobi, 1995, p.7）。

64 Mukobi (1995), p.59.

65 Mukobi (1995), p.56を参照。動物が見る悪夢については第2章でも論じている。

66 リドリーは、私たち人間の夢は動物のそれよりも「鮮明」だと断言している（Ridley, 2003, p.16）。またハートマンは、動物の夢は私たちのそれより「複雑でもなければ比喩に満ちてもいない」と述べている（Hartmann, 2001, p.211）。

67 Jouvet (2000), p.2.

68 ジュヴェが「逆説的な眠り」と名づけたのは、レム睡眠中のPGO経路から生じる脳波の活動が、覚醒状態の活動と本質的に同一であるにもかかわらず、レム睡眠中の人は覚醒時のようにはふるまわないことが理由である。急速眼球運動を別にすれば、ほとんど動きを示さないのだ。ジュヴェは、逆説的な眠りとそうでない眠りの違いは、電気生理学的な証拠（Jouvet, 1962）、個体発生的な証拠（alatx, Jouvet and Jouvet, 1964）、系統発生的な証拠（Klein, 1963）によって裏づけられていると主張した。Jouvet (1965b) を参照。

69 Haselswerdt (2019), p.3内の引用より。

70 Jouvet (2000), p.43.

71 ジュヴェがネコを選んだのは、ドイツの科学者リヒャルト・クラワに倣ってのことだった。1930年代にネコを対象に行われたクラワの実験は、レム睡眠が独立した睡眠段階であるという発見につながった。

72 Jouvet (1965a) では、ネコは身体を起こして歩きまわったが、それでもやはり眠っていたことが強調されている。このことは、「瞬膜が弛緩して瞳を覆うこともある」という記述からもうかがえる。この実験の動画は、https://www.youtube.com/watch?v=Js50Orx94iM で見ることができる。

73 「したがって、ネコが、逆説的な眠りの間に、自らの種に特徴的な行動（待ち伏せ、攻撃、怒り、戦い、跳躍、追跡）の夢を見ているという仮説はきわめて妥当である」とジュヴェは述べている（Jouvet, 2000, p.92）。

74 Brereton (2000), p.393.

75 Pagel and Kirshtein (2017), p.37.

76 信頼性の低い睡眠行動の一例として、睡眠中の幼児や胎児に見られる発作的行動の「ミオクローヌス痙攣」が挙げられる。この用語はずっと広義に使われることもあり、寝返りや、ノンレム睡眠中の夢遊病者（まず夢を見ない）の徘徊行動を含む場合もある。

77 マンガーとシーゲルの説明によると、単孔類は脳幹と大脳皮質の間のやりとりがないため、夢を見ない可能性が高いという。夢を見そうにないのはクジラ目も同じだが、その理由は異なる。クジラ目が夢を見ないと考えられるのは、睡眠中でも脳の半分は起きたままであり、そうした半球睡眠は、特に起きている方の脳が外界に積極的に関わっているときは、夢と共存できないはずだからである。鰭脚類はクジ

ラ目と似ているが、時期によって半球睡眠と普通の睡眠を切り替えている。アフリカゾウ、アラビアオリックス、ケープハイラックス、マナティーは、睡眠周期が他の哺乳類と大きく異なっていて、レム睡眠とノンレム睡眠の違いを適用できるかどうかすらわからない。したがって、判断の難しいケースだと言えよう。私は、この問題に対するマンガーとシーゲルの取り組みを面白いと思うが、もしかしたら、こうした例外の一部は実は例外ではないかもしれないと考えてもいる。本書の第2章ではアフリカゾウの悪夢について論じている。

78　Manger and Siegel (2020), p.4. ここで問題になるのは、イルカは半球睡眠を行い、一部の専門家は夢と半球睡眠は相容れないと考えていることだ。たとえば、Mann (2018)、Jouvet (2000, pp.20–21) もその立場をとっている。しかし、フランクが述べているように、クジラ目がレム睡眠を経験できないことが確実とは言えない以上、誰もがこの結論に同意しているわけではない（Frank, 1999, p.28）。Zepelin (1994) では、休息しているクジラ目がレム睡眠を経験しており、その際に急速眼球運動、位相運動活動、陰茎の勃起（レム睡眠中の男性にごく一般的に見られる）を示すという研究成果がいくつか引用されている。同様に、Shurley et al. (1969) では、2番目に大きなイルカ種であるゴンドウイルカが急速眼球運動と運動弛緩を示したことが報告されている。

79　Burgin et al. (2018).

80　Jouvet (2000), p. 123.

81　Jouvet (2000), p. 123.

82　Siegel et al. (1998).

83　Nicol et al. (2000).

84　Edgar, Dement, and Fuller (1993).

85　Lyamin et al. (2002).

86　Dave and Margoliash (2000).

87　Lesku et al. (2011).

88　Stahel, Megirian, & Nicol (1984).

89　Berger & Walker (1972); Dewasmes et al. (1985).

90　Van Twyver & Allison (1972); Walker & Berger (1972); Graf, Heller & Rautenberg (1981); Graf, Heller & Sakaguchi (1983).

91　Lacrampe (2002), p.67.

92　Lacrampe (2002), p.67.

93　Underwood (2016).

94　Frank (1999), p.24.

95　Frank (1999), p.24.

96　Frank (1999), p.24.

97　ジュヴェは「魚類、両生類、爬虫類（おそらくワニは除外される）で逆説的な眠りに似た状態をはっきりと記録できた者はいない」と述べている（Jouvet, 2000, p.55）。

98　Lacrampe (2002), p.51.

99　Duntley, Uhles & Feren (2002), Duntley (2003), Duntley (2004), and Frank et al. (2012).

100 Godfrey-Smith (2017), p.1.

101 ジュヴェは、魚類、両生類、爬虫類を明確に除外している。「魚類、両生類、爬虫類（おそらくワニは除外される）で逆説的な眠りに似た状態をはっきりと記録できた者はいない」(Jouvet, 2000, p.55)。

102 Karmanova and Lazarev (1979)、Karmanova (1982) を参照。

103 コーナーとファン・デル・トフトは、動睡眠は「鳥類と哺乳類の系統が分岐する前の、爬虫類の祖先において進化した」と主張しているが（Corner and van der Togt, 2012, p.27)、イカの研究においては、動睡眠が平行進化の一例である可能性が指摘されている。

104 Freiberg (2020)。ジュヴェも同様の見解をもっていて、次のように書いている。「細菌や牡蠣や蚊のなかに夢の存在を見つけるのは難しい」(Jouvet, 2000, p.55)。

105 ハルトマンは動物が夢を見ることを認め、その夢は「私たちとは異なる感覚モダリティの混合物」である可能性が高いと述べている（Hartmann, 2001, p.211)。

106 この原則は、盲人の夢の研究によっても裏づけられている。Hartmann (2001), pp. 211ff を参照。

107 Uexküll (2013).

108 Wittgenstein (1958), p.223.

109 出典は Pagel and Kirshtein (2017)。「動物が経験するものとしての夢は、おそらくウィトゲンシュタインのライオンの思考のようなものだろう。……それは人間が経験する夢とは根本的に異なる可能性が高い」(p.40)。

110 Romanes (1883), p.149.

111 Bachelard (1963), p.20.

■第２章　動物の夢と意識

1 Steiner (1983), p.6.

2 アンドルーズは、動物の意識に関する現代の議論を以下の４つのグループに分類している（Andrews, 2014)。①動物が表象的な心的状態をもつか否かに着目する「表象主義的議論」、②人間とそれ以外の動物の中枢神経系の構造的、機能的類似を特定する「NCC（Neural Correlates of Consciousness ＝意識に相関した神経活動）議論」、③動物における自己認識と心的モニタリングの証拠に着目する「自己意識議論」、④交流しているうちに動物には意識があると直感的にわかるのだから、動物に意識があるとわざわざ推論する必要はないとする「非推論主義的議論」である。アンドルーズの分類には、カンブリア爆発で「原初的な意識」が生まれたとする Mallat and Feinberg (2016) の説など、進化の理論は含まれていない。注目すべきは、こうしたアプローチのどれひとつとして、眠っている動物の心にあまり注意を払っていない点だろう。

3 私は夢を見ることを意識をもつことの十分条件としているが、必要条件とは定義していない。なぜなら、意識をもっていても夢を見ないものは存在するからだ。

4 Rock (2004), p. 186. この因果関係を逆転させている研究者もいる。たとえばブレレトンは、夢を見ることは前適応であり、それによって人間の意識が生まれる準備が整ったと考えている（Brereton, 2000)。

5 Searle (1998), p.1936.

6 Churchland (1995), p.214. チャーチランドのこの主張は、現代の神経科学に対する消去主義者の見解の見取り図にも見られるものだ。消去主義者は、アルヴァ・ノエが「基礎的な議論」と名づけたもの、すなわち、意識的な気づきを実現するために唯一必要なのは機能的な脳だとする考え方を受け入れている（Alva Noë, 2009, p.173）。この考え方に従えば、機能的な脳は「理性のエンジン」であり、「魂の座」となる（Churchland, 1995 を参照）。そして、この考えを裏づけるものとして消去主義者が挙げているが夢である。その主張によると、夢を見ているとき、私たちは睡眠の神経化学的作用によって身体が動かなくなり、外的世界との感覚のつながりも断たれているが、意識はあるという。そして、この状態にあって、機能的な脳によってのみ意識的な気づきを維持している。私はこの主張に賛同しない。それが「神経ニヒリズム」の結果に思えるからだ（Thompson, 2015）。認知の 4E（embodied（身体化された）、embedded（埋め込まれた）、extended（拡張された）、enactive（行為に基づく））に関する研究からは、意識経験には、脳、身体、世界という 3 つの要素が必要であることがわかっている。これらの要素のどれかひとつでも欠ければ、意識的な気づきは出現しないのである。ともかく、ここで重要なのは、夢を見ることは意識の十分条件であるという考えが、消去主義者（Churchland, 1995）と反消去主義者（Noë, 2009）に共有されているという点だ。

7 ドイツの現象学者エドムント・フッサールがこの立場をとり（Kockelmans, 1994, p.167）、のちにマルコムがそれを一般に広めた（Malcolm, 1956, 1959）。

8 Thompson (2015), p.14.

9 Thompson (2015), p.16.

10 Windt and Metzinger (2007), p.194.

11 当然のことながら、夢の風景は認識論的な意味での「今、ここ」――外的世界を展開する、心とは無関係の出来事の状態に相当するもの――ではない。それは、私がそれを現実として経験するという現象的な意味での「今、ここ」なのである。本書の目的からすれば、夢の風景は普遍的な「今、ここ」ではなく、個別の「今、ここ」なのだと述べておけば十分だろう。

12 Windt and Metzinger (2007), p.194.

13 Windt and Metzinger (2007), p.195.

14 Miller (1962), p.40.

15 Dehaene (2014), p.23.

16 20 世紀から 21 世紀にかけて、意識の分類法はさまざまな分野で悪名を轟かせた。そうした分類法には比較的最近のものもあれば、過去から「回収」して今日的な意味をもたせたものもある。列挙してみよう。精神分析の創始者ジークムント・フロイトは、心的状態を「意識」、「前意識」、「無意識」に分けた。ドイツの哲学者エドムント・フッサールは、意識の様式を「断定的なもの」、「前断定的なもの」に分けた。アメリカの哲学者ネド・ブロックは、「アクセス意識」と「現象的意識」に分けた。ポルトガル生まれの神経科学者アントニオ・ダマシオは、2 項からなる枠組みと 3 項からなる枠組みを提示した（前者では意識を「中核」と「自伝的」に分け、後者では「原自己」、「中核自己」、「自伝的自己」に分けた）。物理学と神経科学が交わる

領域で研究をした物理学者ジョン・テイラーは、「受動型」、「能動型」、「自己認識型」、「感情型」に分けた。言語学者リチャード・シュミットは、「気づき」、「意図」、「知識」に分けた。精神科医アーサー・ダイクマンは、「考えること」、「感じること」、「機能的能力」、「観察センター」に分けた。もちろん、これですべてではなく、意識をもった生命を作るには何が必要なのかについて、他にもさまざまな説が唱えられてきた。ここで指摘しておくべきなのは、これらの分類には用語の一貫性がほとんどないことだ。似通った階層の概念に異なる用語が使われる場合もあれば（「感情」と「気分」など）、かなり離れた階層の概念に同一の用語が使われる場合もある。たとえば、Zahavi (2014) を読むと、「自己」にもさまざまな意味合いがあることに気づくだろう。

17　意識のSAMモデルが、Thompson（2015）のように、意識の異なる「状態」を扱っていないことに注意。私のモデルが扱っているのは、意識が取りうる異なる「形態」である。したがって動物は、起きているとき、あるいは眠っているときに、3つすべての形態を取りうるし、そのうち1つ、または2つの形態を取ることもある。私がこのモデルで関心をもっているのは、こうした意識の形態が夢の状態を通じてどのように凝固するかという点であり、覚醒状態、夢を見ない睡眠、トンプソンが「純粋意識」と呼んだものなどの、他の意識の状態は保留にしている。

18　Zahavi (2014), p.14.

19　Zahavi (2014), p.14.

20　DeGrazia (2009), p.201.

21　カラザーズなど一部の動物認知の専門家は、動物は自分の心的状態にメタ認知的にアクセスできないので、主観的な意識をもてないと主張している（Carruthers, 2008）。だが私は、メタ認知機能がなくても自己認識は可能だと考えるので、主観的意識の定義からメタ認知機能を除外している。動物が自らの精神状態を振り返ることができると指摘する専門家もいるが（Andrews, 2014）、その一方で、主観的意識を示す他の能力、特に自己認識、共感、ごまかしの証拠を指摘する専門家もいる（Gallup, 1977; Bekoff, 2003; de Waal, 2016）。

22　夢はコヒーレントな時空間多様体であるという考えを裏づけるものとして、まず、心像や空間表現の生成を担当する脳部位（頭頂葉）が損傷を受けると、夢がまったく見られなくなるという発見がある。神経科学者たちはこの発見を受け、ウィリアム・ジェイムズの有名な言葉を借りれば、夢は「咲きほこるガヤガヤとした巨大な混沌」ではないと解釈している。それどころか、それらは「自己を経験の中心に据え、そのなかで動き、感じ、行動する、展開する時空連続体の経験」である（Bogzaran and Deslauriers, 2012, p.47）。

23　「パノラマ的視点」という概念は Brereton (2000, p.393) に見つかる。

24　Windt (2010), p.304（傍点は著者）。

25　Windt (2010), p.297. このウィントの立場は Bogzaran and Deslauriers (2012, p.79) でも擁護されている。

26　Thompson (2015), p.123.

27　Thompson (2015), p.124.

28　Thompson (2015), p.127. 私は、現象学的な根拠から自我中心的な解釈を擁護してい

るが、この解釈は実証的なデータによっても支持されている。Llinás and Paré (1999) などの神経機能主義は、起きている状態と夢を見ている状態を同じ神経機構に帰属させている。その一方で、Revonsuo (2000) などの進化理論は、その2つを進化的な機能のレベルで類似したものとして仮定している。

29 ウィントは、夢を見ている者の身体に起きたことが夢の内容に影響を与えるという点で、夢の自我は、現象的に具現化されるだけでなく、機能的にも具現化されると主張している（Windt, 2010, 2015）。身体への特定の感覚入力は、明確な夢の出力をもたらすため、夢を見ることは「眠っている身体と興味深いかたちで体系的に結びついたままなのである」（Windt, 2015, p.xxiii）。

30 Sartre (2004), p.166.

31 サルトルにとって、「注意を向けることにまつわるすべての現象は、運動的な基礎をもっている」（Sartre, 2004, p.43）。あらゆる注意は、感覚運動的な知識に依存するという意味で、身体化されたものだというのだ。夢とは意識的な注意の特別なケースなので、その基礎は運動にあり、よって身体図式をもっていることが前提となる。サルトルは、身体図式が夢のなかで可鍛性をもちうることを否定していない。私は夢のなかで、2つの頭やサイクロプスのような1つの目、あるいは1000本の触手を容易にもつことができる。だが、身体図式をまったくもたないことはありえないのである。

32 Revonsuo (2005), p.207.

33 Brereton (2000), p.385.

34 サルトルはこの考えを、ドイツ系アメリカ人の心理学者クルト・レヴィンから借用した（Sartre, 2004）。この考えは、1943年の『存在と無』における「生きられた空間」の議論で重要な役割を果たしている。

35 この主張はWindt (2010) に見られる。同様にThompson (2015) は、自我のない夢の例としてしばしば挙げられる子供の夢や入眠時心象でさえも、やはり自我を中心に組織され、自我を基盤にしていると主張している。子供の夢は、たとえ子供がその主観的な構成に注目して報告する能力をもっていなかったとしても、自我を中心に構成されている（p.131ff）。同じように、入眠時心象の「自我の境界が緩んでいる」としても、「『アイ・ミー・マイン』がもつ特定と割当の機能から逃れているとは言いがたい」（p.126）。サルトルは、入眠時心象を「私（Me）なしの夢」とみなしているので、この点については同意していないことになる（Sartre, 2004, p.166）。

36 Godfrey-Smith (2016), p.12.

37 Crick and Mitchison (1983).

38 フロイトは『夢判断』の第2章で、夢の解釈には長い文化的、哲学的歴史があることを認める一方で、それ以前の方法――聖書のヨセフによる「象徴法」や2世紀のアルテミドロスによる「暗号法」など――は非科学的で、非心理学的なものだったと述べている。そうした過去の方法には同様の限界があった。つまり、まったく価値がなかったのだ。夢には意味があるとする点では正しいが、その意味を取り違えていたのである。象徴法では、夢の意味は（ヨセフと同じように）未来を予言する力にあると仮定していた。暗号法では、夢の意味は、「実証された鍵によって」容易に解読することができ、解釈する者はそれをすべての夢に同じように機械的に適用できると仮定していた。

39 Conn (1974), p.711. 第 2 次世界大戦後の精神分析の凋落については Hale (1995) を参照。

40 vmPFC の損傷によって夢を見なくなることがある（Rock, 2004, pp.46, 104）。

41 Solms (2021), p.27.

42 Brereton (2000, p.391). 夢見に関与する辺縁構造には、紡錘状回（顔認知）、視床（身体イメージ）、小脳虫部（空間・身体運動）、右頭頂弁蓋（空間位置）が含まれる。Baird, Mota-Rolim, and Dresler (2019) による神経画像の研究では、レム睡眠中にこれらの構造への血流が増加することが示されている。

43 Rock (2004), p.122.

44 Bogzaran and Deslauriers (2012), p.48.

45 Bogzaran and Deslauriers (2012), p.63. ハルトマンによると、夢を見ることと感情の結びつきは非常に強力なので、夢には「準治療的機能」があるという。夢を見ることで、トラウマを処理する心的枠組みが与えられるというのだ（Hartmann, 1995, p.180）。マーク・ソームズは、『意識はどこから生まれてくるのか』のなかでこの見方をさらに発展させ、感情、情動、気分に根ざした、体系的な意識の理論を提示している。

46 Damasio (1999), p.100.

47 報酬を置いたアーム部の探索に関連する神経パターンと、①迷路を経験する前の睡眠中に見られたパターン、および②報酬を置いていないアーム部の物理的探索に関連するパターンの間には、このような関係は見られなかった。

48 オラフスドッティルらは、「これらの発見をまとめると、[ラットにおける] 未来の経験の偏りのある事前の活性化は、環境が動機と関連をもった時点で、例示化していることがわかる」と書いている（Ólafsdóttir et al., 2015, p.10）

49 海馬におけるリプレイに関する研究の多くは、事前プレイとノンレム睡眠の関連を指摘している。注意してほしいのは、だからといって、夢と事前プレイが両立しないとただちに結論できるわけではないことだ。頻度は低いながらも、ノンレム睡眠中にも夢を見ることはあるからだ。オラフスドッティルらによるその後の研究では、レム睡眠中にも関連するスパイク波が生じることが立証されている（Ólafsdóttir, Bush, and Barry, 2018）。オラフスドッティルらは、Louie and Wilson (2001) を引用して、レム睡眠中にこれらのスパイク波が「より自然な速度で進行する」ことを指摘し、それは覚醒時に記録されたスパイク波と同等であるとしている（p.R38）。ノンレム睡眠中に生じるスパイク波は約 20 倍の速さである。レム睡眠と感情、記憶の関連性を示すさらなる証拠は、ボイスらによるシータ波の研究から得られている（Boyce et al., 2016）。ラットがレム睡眠中にシータ波を抑制すると、睡眠中に物理的なものや不快な体験の記憶など、以前の出来事の記憶を定着させることが少なくなる（p.815）。この文脈では、ラットにおける海馬のリプレイのパターンが「経験時に見られるものと同様の時間スケールで存在する」という Karlsson and Frank (2009) の発見にも注目する必要がある（p.7）。この主張は、Gelbard-Sagiv et al. (2008) や Pastalkova et al. (2008) に支持されており、Knierim (2009, p.422) でも言及されている。

50 Voltaire (1824), p.118.

51 Berntsen and Jacobsen (2008, p.1093) を参照（傍点は著者）。Ólafsdóttir, Bush, and Barry (2018) では、事前プレイの間、ラットは「次の行動を計画している」と明言している（p. R43）。想像力については第 3 章で詳しく論じている。

52 Freud (1938), p. 215.

53 Freud (1938), p. 215.

54 研究者たちは、ラットが非常に共感性の高い動物だという事実を利用したのである。Hernandez-Lallement et al. (2020) では、ラットは苦痛を与えられている仲間を見ると自身も大いに苦しむことが示されている。

55 Yu et al. (2015), p.11.

56 Yu et al. (2015), p.9. 動物の睡眠の研究者が、自身の発見の現象学的側面から目を背けていることは第1章で見た。このケースもそれと同じである。著者のユらは、「ラットが驚愕覚醒の前に実際にトラウマ的な記憶を経験したとは、明確に述べることはできない」と書いている（p.10）。この論文のタイトルに「悪夢」という言葉が用いられていることを考えれば、これは不可解な主張と言わざるをえない。

57 Van der Kolk (2015), p.84.

58 Yu et al. (2015), p.9. 著者のユらは、翌2016年に行った追跡研究で自分たちの研究成果を再現したが、そのときは驚愕覚醒の神経科学的側面に着目した。その追跡研究では、トラウマを抱えたラットは、オレキシン（自然な目覚めを促進する神経ペプチド）の濃度が下がる睡眠周期の最中に驚愕覚醒を経験するという重要な発見があった。オレキシンの濃度が低いにもかかわらず、ラットがパニック状態で目を覚ますということは、その目覚めが、トラウマのないラットの通常の目覚めとは異なるカテゴリーにあることを示唆している（Yu et al., 2016）。つまりそれは、生理的な目覚めではなく、心理的な目覚めだった。トラウマで重くなった心が、ラットを眠りから引き上げたのだ。

59 ラットは、トラウマを負ってから21日にわたって、すくみ行動と驚愕覚醒を示した。この実験では、脳を分析するためにラットを殺してしまうので、そうした反応がいつまで続くものなのかは想像するほかない。

60 Berardi et al. (2014), p.8.

61 Campbell and Germain (2016); Vanderheyden et al. ([2015], pp.2343–45).

62 Kirmayer (2009), p.5.

63 Bradshaw (2009); Balcombe (2010, p.59); Cavalieri (2012, p.130).

64 Peña-Guzmán (2018), p.16.

65 Masson (2009), p.45. ゾウの孤児院については Siebert (2011) を参照。

66 King (2011), p. 77.

67 Bradshaw (2009), p. 139.

68 Kingdom (2017). ゾウの悪夢の報告は、研究における偽陰性の危険を浮き彫りにする。マンガーとシーゲルは、哺乳類の夢見の研究（第1章を参照）で、ゾウは睡眠周期が特異なため、おそらく夢を見ないだろうと主張している（Manger and Siegel, 2020）。これは、動物の夢を考える際に人間の睡眠を基準にしてしまうと、それに惑わされる場合があることを示す好例だと言えよう。

69 Morin (2015); Bender (2016).

70 マイケルが手話で答える様子は以下の動画で視聴できる。www.youtube.com / watch?v=DXKsPqQ0Ycc.

71 Kelly (2018).

72 Botero (2020), p.4.

73 Botero (2020), p.4.

74 母親との離別は、生理的失調、ストレスに敏感な脳領域の異常な拡大、ロッキング、自傷、不安、乱れた愛着スタイル、異常な情緒発達、悪夢の定着につながる。チャーナスは、トラウマを抱えたチンパンジー、とりわけ幼少期に母親から引き離されたチンパンジーに起こる精神崩壊に注目している。彼女の分析の対象には、母親から引き離されたあとに人に飼われ虐待され、最終的にスペイン北部の MONA サンクチュアリに保護された 5 頭のチンパンジー（ロミー、ワティ、サラ、ニコ、パンコ）の個人史も含まれていた。母親との離別の影響は個体によって異なり、「生まれつきの性格の違い、母親から離れたときの年齢、虐待やネグレクトの期間や性質、同種の仲間や新しい環境に徐々に慣れていく際の飼育員の感受性」といった要因も関係していると考えられる (Chernus, 2008, p.458)。

75 Dudai (2004).

76 Quoted in Hacking (2001), pp.252–53.

77 明晰夢については、紀元前 4 世紀にアリストテレスが『夢について』という著作で触れているが、心的現象として真剣に考えられるようになったのは 19 世紀に入ってからのことだ。その立役者は、エルヴェ・ド・サン゠ドニ（1822-1892）とアルフレッド・モーリー（1817-1892）という 2 人のフランス人作家である。「明晰夢」という言葉を考えたのは、オランダの精神科医フレデリック・ヴァン・イーデンで、20 世紀初頭のことだ。見ている人のメタ認知を妨害しない珍しい夢を指す言葉として用いた言葉である。イーデンは自分が見た夢を丹念に記録、分析し、その結果、かなりの割合——正確には 500 件中 352 件——が「特殊な」夢であることを突き止めた。その特殊な夢のなかでは、「寝入っているにもかかわらず、日常生活のことを完全に覚えていて、自由に行動することができた」と彼は書いている。イーデンは、心霊研究会の 1913 年の紀要に掲載したエッセイのなかで、こうした夢は、一般的な夢とは大きく異なっているため、独自の名前をつけるに値すると述べている。またイーデンは、あまりに普通の夢と違っているという理由で、その夢の存在が疑われたり、あるいはもっと悪いことに、それを夢とみなすことすら拒否されるのではないかと心配もしていた。「その心の状態を夢と呼ぶのを拒否する者がいた場合、別の名称が提案されることもあるかもしれない。私としては、『明晰夢』と名づけたこのかたちの夢こそが、自分のもっとも強い関心を呼び起こし、もっとも丁寧に記録した夢なのである」。明晰夢は、その「幻想的な」性質のせいで科学界の片隅に追いやられていたので、イーデンの懸念も故なきことではなかった。こうした科学界の態度が変わりはじめたのは 1970 年代から 80 年代にかけてのことだが、それには明晰夢を科学の視点から捉え直した 2 冊の本、キース・ハーン『明晰夢：電気生理学的・心理学的研究』（1978 年）とスティーブン・ラバージ『明晰夢』（1985 年）の出版が大きな役割を果たした。この 2 冊の本によって、科学者たちは、明晰夢が研究、制御、操作できる現実の現象であることを確信したのである。

78 Windt and Voss (2018), p.388.

79 Walsh and Vaughan (1992), p.196.

80 Filevich et al. (2015), p.1082.

81 Kahan (1994), p.251.

82 Voss and Hobson (2014), p.16.

83 ヴォスとホブソンの立場の詳細は不明だが、その主張は、多くの心の哲学者が言語と思考の関係について述べてきたものの繰り返しである。つまり、言語こそが、感覚を通じて与えられる具体的な個別性（このマツ、このプラタナス、このシダレヤナギなど）を超えた抽象的な概念（木など）を心のなかで形成することを可能にする、という主張だ。この抽象概念は、個別性を普遍性に包含することで（「今、ここにあるものが木である」のように）、「X は Y である」というかたちの心的判断を行える力を私たちに与える。ヴォスとホブソンの考えでは、夢を見ている人と明晰夢を見ている人の唯一の違いは、後者が夢のなかで特定の心的判断、つまり「今、ここにあるものが夢だ」という判断を行っている点にあるようだ。

84 ウィントとメッツィンガーによると、A 明晰性に新たな要素を追加したものが C 明晰性である（Windt and Metzinger, 2007）。したがって、C 明晰性のケースは必ず A 明晰性を伴うが、その逆は成り立たない。

85 動物の概念形成能力については、Allen (1999)、Glock (1999, 2000, 2010), Stephan (1999)、Newen and Bartels (2007) を参照。動物の論理能力については、Hurley and Nudds (2006)、Watanabe and Huber (2006)、Call (2006)、Allen (2006)、Erdőhegyi et al. (2007)、Schmitt and Fischer (2009)、Pepperberg (2013)、Felipe de Souza and Schmidt (2014) を参照。動物の数学能力については、Boysen and Hallberg (2000)、Olthof and Roberts (2000)、West and Young (2002)、Kilian et al. (2003)、Harris, Beran, and Washburn (2007)、Aust et al. (2008)、Matsuzawa (2009)、Rescorla (2009)、Uller and Lewis (2009)、Dadda et al. (2009)、Pepperberg (2012)、Vonk and Beran (2012) を参照。

86 Windt and Metzinger (2007), p.222.

87 次のような場面を想像してほしい。私が公園を散歩していると、遠くに何かがぼんやりと見えてきた。最初のうちは、そこに何かがあるとはわかっても、それが何かはわからない。それに関する私の経験は、漠然としていて、不正確なものである。自転車だろうか、人間だろうか？　それとも銅像なのか、水飲み場なのか？　近づいていくうちに、私はそれに属性を与えていき、その過程で属性と矛盾する可能性を排除していく。あれは動いているから、銅像でも水飲み場でもない。顔があるから自転車でもない。そして最終的に私はこう結論を下す――あれは人間だ！　心の哲学者によると、この私の考え（「あれは人間だ」）は「判断」である。なぜなら、私の考えには、主語（「あれ」）と述語（「人間だ」）を伴う命題構造があり、それによって、私が心のなかで個別性（私が見た特定のもの）を普遍性（「人間」という概念）に包含していることが示されるからである。

88 「前認知的な」メタ認知という表現は、きっと矛盾しているように見えることだろう。だが、この表現はたんに、言語的な形式をもたない、あるいは高度な概念的内容を必要としないかたちで、主体が自身の心的状態を顧みる（監視する）ような、意識的な気づきの形態があることを示しているにすぎない。

89 明晰性の前認知的な経験がいかに生じるかを考えるには、覚醒の場の構造的特性のひとつが「透明性」だったことを思い出すとよい。目覚めているときの私たちの知覚の場は、それを場として意識することがないという意味で透明である。つまり、

場は「自己を隠蔽」するのだ。ところが明晰夢では、場はその透明性を失う。場は突如として「浮かび上がり」、知覚の対象として主張しはじめる。このとき知覚の場は、私たちがそれを「通じて」見るのをやめ、それ「自体」を見るようになるという意味で不透明になる。もし動物が夢のなかで、自分が知覚の場を通じてではなく、知覚の場それ自体を見ているという感覚をもつならば、それは明晰性の経験と言える。

90 Rowlands (2009), p.210.

91 ここではウィントとメッツィンガーの理論に焦点を絞ったが、明晰性を感じる瞬間と、それに続く判断の時間を区別している専門家もいる。たとえば、LaBerge and DeGracia (2000) では、明晰性は2つの段階で生じると説明されている。第一の段階はメタ認知的な洞察で、「[自分の]状態を直接経験として認識し、内省する」瞬間のことだ。続く第二の段階では、自分の状態を明晰夢の一例として解釈することで、その洞察を意味論的枠組みへと組み込む。人間の明晰夢では、この2つの段階は共存しているのが普通だが、別々なこともある。夢を見ている人は、高次の認識論的、解釈学的操作に接続しなくても、自分の状態が何か「おかしい」ことに気がつくことができる。したがって、動物に言語や概念がないことは、明晰性を経験する障害には必ずしもならない。メッツィンガーが主張するように、たとえ夢見体験を夢と「分類する」能力がなかったとしても、「夢見状態の間に主体性と安定したPMIR（志向性関係の現象モデル）を取り戻すという点」で、人々は明晰性を経験することができるのだ（Metzinger, 2003, p.532）。

92 Smith and Washburn (2005); Kornell, Son, and Terrace (2007); Smith (2009); Call (2010); Smith, Couchman, and Beran (2012).

93 Thompson (2015), p.158. トンプソンは背外側前頭前皮質に着目しているが、最近の研究 Baird, Mota-Rolim, and Dresler (2019) によると、明晰夢は複数の脳構造の相互接続の上に成り立っていることが示唆されている。しかしベアードらは、明晰夢は、さまざまな神経回路によってもたらされる可能性があるため、神経レベルでは多様なかたちで実現可能かもしれないとも指摘している（p.12）。これはつまり、人間と相同な、あるいは類似した脳構造をもたない動物は明晰夢を見ないと仮定することはできない、ということだ。

94 Hobson and Voss (2010), p.164. ホブソンとヴォスは、Windt and Metzinger (2007) のA明晰性とC明晰性の区別を自分たちの分析に取り入れてはいない。だが、明晰性を「夢を見ているという事実の看破」と定義しており、これはウィントらのA明晰性の定義と同じである（Hobson and Voss, 2010, p.155）。ホブソンらは、Edelman (2003, 2005) の一次意識と二次意識の区別を用いて、夢を見ることは、「単純な気づき」によって（言い換えれば、知覚と感情の経験によって）特徴づけられる一次意識の表現だと述べている。これに対し覚醒時の経験は、一次意識と二次意識の組み合わせ、つまり、単純な気づきと「気づいていることの気づき」（メタ認知）を混ぜ合わせたものと捉えている。ホブソンとヴォスは当初、人間以外に明晰性をもつのは霊長類だけだとしていたが、のちに鳥類もその候補になりそうだと認めた。ヴォスは別の文章でも霊長類に触れているが、鳥類には言及していない（Voss, 2010, p.52）。

95 Manger and Siegel (2020), p.2.

96 Pantani, Tagini, and Raffone (2018), p.176.

97 Foucault (1985), p.53.
98 Foucault (1985), p.45.
99 Foucault (1985), p.53.
100 Cyrulnik (2013), p.143.
101 Sartre (2004), p.15.
102 Lucretius (1910), p.170.

■第3章　想像力の動物学

1 Coleridge (2004), p.123.
2 トーマスのモデルには3つの軸がある。すなわち「不在 - 存在（より明快に「刺激制約性」と呼んでもいいかもしれない）、意志（あるいは自発的制御に対する従順性）、ヒュームの言う『活気』あるいは鮮明さ」である（Thomas, 2014, p.159）。これに従えば、夢は、第一の「不在 - 存在」軸では知覚よりも「不在」端に近く（外部刺激に依存しないため）、第二の「意志」軸では意図的な想像行為よりも下端に近くなる（理性の統制下にないため。ただし明晰夢の場合は上端に近くなる）。同様に、夢を見ることは、思い出すことより鮮明かもしれないが、知覚よりは鮮明ではない。
3 Foucault (1985), p.40. とはいえ、夢は想像力の行使であるという意見に誰もが賛同しているわけではない。たとえば、「正統的な見解」の支持者は、夢は睡眠中に形成される信念だと考えている。この見解に与する思想家でもっとも有名なのがルネ・デカルトである。これに対しては、2つの異論が寄せられている。ひとつは「幻覚説」で、夢は現象学的には信念よりも幻覚にずっと近いというものだ。夢は信念よりもイメージに富み、知覚的な現実に没入させるという信念にはできないことを実行するからだ。もうひとつが「想像説」で、夢は幻覚よりもむしろ想像に近いと主張する。第2章では、ジェニファー・ウィントとエヴァン・トンプソンの研究を紹介しているが、前者は幻覚説、後者は想像説の立場をとっている。また、Walton (1990)、Foulkes (1999)、Ichikawa (2009)、Sosa (2005) も想像説を支持している。私自身は想像説を好んでいるが、より正確に言えば、夢も想像も幻覚も同じ想像力のスペクトルの一部だというのが私の立場である。
4 第1章では、イマヌエル・カントが、創造的想像の能力は人間にしかないと信じていたことを指摘した。これは、ごく少数の例外はあるものの、古代から現在にいたるまで一般的な見解でありつづけてきた。動物には想像力があると認めている哲学者でさえ、その想像の能力は人間より劣っていると定義するか（動物には感覚的な想像力しかないと考えたアリストテレスなど）、本能の一部に組み込んでしまう（動物は想像するがそれは本能的なものにすぎないと考えたアウグスティヌスなど）のが普通である。哲学における動物の排除の歴史については Simondon (2011) を参照。
5 Foucault (1985), p.33.
6 Luce (1966), p.1.
7 この実験の手順は、Shafton (1995)、Hartmann (2001)、Foulkes (1999)、Manger and Siegel (2020) などでも引用されている。
8 Luce (1966), p.86.
9 ヴォーンの幻覚実験は失敗に終わったが、その仮説はのちの実験によって立証され

ている。起きているアカゲザルも、特にアンフェタミンの影響下にあるときは幻覚を見るのである。Siegel (1973)、Siegel, Brewster, and Jarvik (1974)、Siegel and Jarvik (1975)、Brower and Siegel (1977)、Ellison, Nielsen, and Lyon (1981)、Ridley et al. (1982)、Castner and Goldman-Rakic (1999, 2003)、Visanji et al. (2006) を参照。また、ラット、ハト、ネコも幻覚を見ると報告されている（Ellinwood, Sudilovsky, and Nelson, 1973）。この文献に関するレビューは Robbins (2017) を参照のこと。

10 Luce (1966), p.86.

11 Luce (1966), p.85.

12 Luce (1966), p.86.

13 Lohmar (2007), p.58.

14 ローマーは、一部の霊長類（特に人間）が、言語学的観念のモードを働かせることで、視覚経験を言語でコーティングすることは否定していない。だがそれは、言語をもたない動物が心のなかで世界を表象できないと考えることとはまったく違う。動物は、進化的に言語より前から存在する他のモダリティを利用することで、世界を表象し、自分の生活の場面を再現できるのだ（Lohmar, 2007, p.61）。さらにローマーは、霊長類を念頭に置いて発展させた自身の理論が、「高度に大脳化した」動物すべてに当てはまることを認めている。言うまでもなく、他の動物に対処するためには、ローマーの 4 つのリストに含まれていない表象様式（嗅覚、触覚、聴覚など）を取り入れる必要があるかもしれない。

15 クンゼンドーフは、霊長類の想像力について実験からわかっていることを考慮すれば、ヴォーンの発見は驚くに当たらないと述べている（Kunzendorf, 2016）。

16 Kunzendorf (2016), pp.38–39.

17 Lillard (1994) では、「ふり」は次の 6 つの要素からなると定義している。すなわち、ふりをする存在（①）が、ある特定の現実（②）にいることに気づき、意図（③）と意識（④）をもって、ある心的表象（⑤）をその現実に投影（⑥）するのである。

18 Lyn, Greenfield, and Savage-Rumbaugh (2006), p.208.

19 Kunzendorf (2016), p.39.

20 Matsuzawa (2011), p.133. リン、グリーンフィールド、サベージ＝ランボーは、もうひとつの興味深い行動を報告している。彼らはまず、チンパンジーのパンバニシャに、人形にブドウを食べさせるようお願いした。すると、パンバニシャは片手でブドウの入ったボウルを持ち、それを人形の口にあて、その状態をしばらく保った。そして、「まるで人形に食べさせるかのように」もう一方の手で人形の頭をボウルに引き寄せた（Lyn, Greenfield, and Savage-Rumbaugh, 2006, p.208）。「人形の頭を動かして『食べている』ふりをさせるという行動は、人形にブドウを食べさせるという最初のふりを拡張する能力を示しているのかもしれない。……こうした拡張は、チンパンジーがふり遊びの性質を理解していることを意味する」（p.208）。この研究では、別のチンパンジーのパンパンジーが、同じ人形を「毛づくろい」し、そこから「つまみとった」虫を食べるふりをしたことも報告されている。Gómez and Martín-Andrade (2005) では、類人猿の空想遊びの事例が数多く紹介されている。霊長類の「ふり」の証拠は、20 世紀初頭までさかのぼる（Kinnaman, 1902）。類人猿の対象遊びの証拠に関するレビューは、Ramsey and McGrew (2005) を参照。

21　霊長類が死を理解していることを示唆するこのような報告を核として、パン・サナトロジー（チンパンジー死生学）という派生領域が発展してきた。これに関連する文献については、Peña-Guzmán (2017) で論じている。

22　Mitchell (2016), pp.333–34.

23　哲学者のピーター・カラザーズは、ゲシュタルト心理学者のヴォルフガング・ケーラーが20世紀前半に行ったチンパンジーの実験を取り上げ、その実験で与えられた空間課題に対して、チンパンジーが意識的な気づきを一切もたずに革新的な解決策を思いついたと主張している（Carruthers, 1996）。この主張に対してミッチェルは、「不可解」という婉曲表現で疑問を呈した（Mitchell, 2016）。

24　ドイツの哲学者、進化論者のカール・グロースは、動物の遊びに進化の原理を適用させたことで有名だが、ミッチェルが語る歴史における重要人物でもある。グロースは『動物の遊び』（1898年）のなかで、遊びとは大人の行動の無意識の模倣であり、幼い動物の将来に向けた準備として機能していると説明した。だが、ミッチェルが指摘するように、遊びは幼い動物にだけ見られるわけではない。グロースもこの問題に気づいており、そこで彼は、大人は生存に関わる行動をすでに習得しており、練習の必要がないため、その遊びは「ごっこ」として理解すべきだと主張した。そしてついに、動物の「ふり」を研究している専門家がまず言及しないもの、つまり、現実と虚構を行き来することの「楽しさ」の存在に行き当たることになる。これはダーウィンの足跡をたどるようなものだった。その数十年前、ダーウィンは『人間の由来』のなかで、動物はときに、「かも」が苦しむのを見て単純に喜ぶために「ふり」を利用する（動物のシャーデンフロイデ〔他人の不幸を楽しむこと〕）と書き記していたのである。後年、C. ロイド・モーガンが有名な公準を発表して、科学者たちに動物の心について話すことを放棄させたのは、グロースの動物の遊びの理論に対抗してのことだった。

25　イルカのこの行動は、Tayler and Saayman (1973) が最初に報告したものだが、暗記による反復行動とは一線を画している。クンゼンドーフによると、そこには「変幻自在の視覚的想像力」が含まれているという（Kunzendorf, 2016, p.39）。

26　哲学者のケンドール・ウォルトンは、夢を「ふり」の派生カテゴリーである「ごっこ遊び」として解釈している（Walton, 1990）。ロマーニズも『動物の心の進化』のなかで、夢を見ることと「ふり」をすることを、想像力の例として同列に示している。

27　Bekoff and Jamieson (1991), p.20.

28　このことは、O'Neill, Senior, & Csicsvari (2006)、O'Neill et al. (2008) によっても裏づけられている。

29　Foster and Wilson (2006), p.680.

30　Davidson, Kloosterman, and Wilson (2009), p.504.

31　Karlsson and Frank (2009), p.2（傍点は著者）。

32　カールソンとフランクは「覚醒時のリプレイをもたらす記憶補助内容は、実質的に場所に依存しない場合がある」と書いている（Karlsson and Frank, 2009, p.7）。

33　Gupta et al. (2010), pp.695–96.

34　Gupta et al. (2010), p.702.

35　Derdikman and Moser (2010), p.584.

36 Davidson, Kloosterman, and Wilson (2009), p.503.

37 Knierim (2009), p.422. Davidson, Kloosterman, and Wilson (2009) には、遠隔再生は「動物の現在地と結びついて」いないという同様の主張が見られる（p.502）。

38 Knierim (2009), p.422.

39 ラットは、この重要な分岐点において、世界に対する能動的な関与を一時中断し、この先において可能な経路をすべて「自分の経験として」再構築することで進路の計画を立て、最終的に 1 本の経路に身を投じる。Johnson and Redish (2007) は、これらの「高コスト選択地点」で観察された神経活動が、目的地に向かうときではなく、帰ってくる途中で生じていることから、ラットは過去の行動を思い出しているのではなく、未来の行動を計画していることが示される、と指摘している。ジョンソンらは、「後ろに置いてきたものではなく、自分の前にあるものを再構成しているということは、その情報が、近い過去のリプレイではなく、未来の経路の表象に関連していることを示唆している」（p.12183）。またジョンソンらは、そうした神経活動が起きているときに、ラットの頭が左右にすばやく動き、異なる選択肢を何度も見ながら、それらについて考えることができるようになることも指摘している。この行動は、ラットに未来の可能性に関する重要な情報をもたらす。それによってラットは、「［自分の］行動の結果を予測し、それを通じて目的地に到達できるかを評価し、決断を下す」のである（p.12184）。

40 Knierim (2009), p.421. カールソンとフランクは、自分たちの発見は非常に短いタイムスケールで生じるので、生きられた経験のタイムスケールと一致させることはできないと述べ、その一方で、他の研究者が発見した海馬のリプレイは覚醒時の生活のタイムスケールと一致していると指摘している（Karlsson and Frank, 2009, p.7）。ラット以外では、霊長類学者のバーバラ・スマッツが観察した同様の現象が Willett (2014) で紹介されている。スマッツは、タンザニアのゴンベ国立公園のヒヒの群れが、池のほとりで完全に沈黙状態に陥ったところを目撃した。いつもは騒がしい子供たちも含め、群れの全員が「静謐な瞑想」の状態に入ったのである。スマッツは、この状態をある種の「ヒヒのサンガ」として解釈した（サンガとは、サンスクリットで「共同体」の意）。そしてこの解釈に基づいて、ウィレットはそれを「悟りの休息」と表現した（p.102）。

41 ローマーのこの本はまだ英語に翻訳されていない。ドイツ語のタイトルは *Denken ohne Sprache. Phänomenologie des nicht-sprachlichen Denkens bei Mensch und Tier im Licht der Evolutionsforschung, Primatologie und Neurologie* というものである。

42 Montangero (2012)、Occhionero and Cicogna (2016)、Domhoff (2017)、Eeles et al. (2020) にその例が挙げられている。

43 動物の想像力に言及する数少ない科学者や哲学者は、それを哺乳類に特有のものとして見る傾向がある。だが、もし夢が想像行為であるならば、哺乳類以外の動物の夢を切り口にして、この見解に異議申し立てができるだろう。創造性と想像力は、哺乳類以外にも少なくとも鳥類がもっていると思われるからだ（Ackerman, 2016）。

44 Hills (2019), p.1.

■第４章　動物の意識の価値

1　Siewert (1994), p.200.

2　Chalmers (2018), p.12.

3　Griffin (1976), p.15.

4　Luce (1966), p.1.

5　Rowlands (2009), p.176.

6　Bekoff and Jamieson (1991), p.15.

7　環境倫理学には、森や川といった生命をもたない存在にまで道徳的、法的地位を拡張することで、この見解に抵抗する考え方がある。ただし、非生物の場合は、道徳的地位よりも法的地位に議論が向けられる傾向がある。Brennan (1984)、Stone (2010) を参照。

8　Warren (1997), p.3 を参照。Shepherd (2018, p.14) にも引用がある。

9　ユダヤ人の哲学者たちは、こうした考え方に共鳴するかたちで倫理について語ってきた。その一例が、マルティン・ブーバーの対話の倫理である（Buber, 1970 を参照）。

10　Block (1995), p.231.

11　Block (1995), p.230.

12　Levy (2014), p.128.

13　Searle (1997), p.98. ここで言いたいのは、痛みの経験が、感情の状態や既存の信念、あるいは社会的、文化的文脈に何の影響も受けない孤立した感覚であって、まったく認知を伴わない、ということではない。足の指をぶつけた痛みは、寝ぼけて足をぶつけて目を覚ましたときと、何かの作業に没頭しているときでは、やはり異なる。社会的、認知的、心理的、実存的な要素が、痛みの意味を形づくっているのだ。ともかく、私がここで伝えたかったのは、痛みの経験には認知的な説明では把握できない次元があるため、アクセス意識が痛みの現象的意識を枯渇させることはない、ということだ。その次元とは、自分の痛みは自分にとってどう感じられるか、それを特定の瞬間にどう経験するかという、質的な次元である。ブロックは、痛みの例を通して、私たちの生きられた経験がアクセス意識の網の目では捉えきれないメッセージを運んでいることを説明している。痛みの表象主義的理論に対する批判については、コリン・クラインの研究を参照。

14　この議論は Siewert (1998) に見つかる（この論文は Siewert (1994) を踏まえたもの）。

15　Siewert (1994), p.216. ブロックの現象的意識の概念はつじつまがあっていないと考える哲学者もいるが、認知心理学や実験哲学の研究からは、ブロックのアクセス意識と現象的意識の区別に非常によく似たものが常識心理学に織り込まれていることが示されている（Knobe and Prinz, 2008）。ヒューブナーは、「常識の判断の構造内には、おそらく潜在的に、現象的な心的状態と非現象的な心的状態の区別のようなものをマッピングしていると思われる区別が存在している」と書いている（Huebner, 2010, p.135）。

16　ジョシュア・シェパードは、『意識と道徳的地位』のなかで同様の主張を擁護している。現象的意識は、それを有するすべての種において、あるものごとが肯定的か否定的か、魅力的か不愉快かという評価を下すことを可能にする「評価空間」を生

み出すので、本質的な価値をもつというのだ（Shepherd, 2018, p.73)。生物は、現象的意識が生み出したこの空間のおかげで、感情や評価の経験が可能になり、その生も価値のあるものになる。それゆえ、ある存在に道徳的価値があるか否かを判断するときも、倫理学者は「その存在の知性について考えたり、それが合理的かどうか、自己意識があるかどうか」に注意を払う必要はない（p.92)。注意を払うべきは、その存在の感覚であり、それがものごとを評価するかどうか、視点をもっているかどうか、ということなのだ。シェパードは、この本の最後から2番目の章「道徳的地位——他の動物たち」において、自身の現象学的価値の理論を動物に適用し、おそらく道徳的価値は考えている以上に多くの動物に適用されるはずだと結論づけている。「哲学者の線引き欲求」から逃れられない者は「進化のトーテムポールのかなり低いところに線を引く［しかない］」とシェパードは書いている（p.99)。

17 生物は、評価行為によって自分の存在を意味で満たすために、自身がそうした行為を行っているという事実を意識する必要はない。生物が選好を表現した時点——魅力的な刺激を求め、不快な刺激から遠ざかった時点——で、刺激に感情価を付与することで評価行為を行っていることになるからだ。

18 動物倫理に帰結主義の原理を適用したもっとも有名な例は Singer (1995) である。

19 帰結主義者の道徳的宇宙のアルファとオメガ（つまり苦と快）はそれ自体が現象的状態なのだから、道徳的地位の土台は現象的意識であると言いえる。快楽派の帰結主義者はこの主張（あるいはその別バージョン）を受け入れるが、選好派はそれを拒否するだろう。選好派は、苦や快の経験にはあまり道徳的な重みを与えず、選好の充足を重く見る。彼らの見解では、アクセス意識をもつ存在だけが選好を形成できるので、彼らの多くにとって、アクセス意識ファーストのアプローチはより魅力的なものである。ここで私は、このタイプの帰結主義に焦点を絞っている。というのも、こちらの方が私の立場にとっては厄介だからだ。

20 Kahane and Savulescu (2009) と Levy and Savulescu (2009) は、このアクセス意識ファーストのアプローチを補完するかたちで、「サピエンス」に基づく主観的選好は、「有感性」に基づく選好に勝ると主張している。Levy (2014) もそれに倣っている。レヴィは、現象的意識の喪失はシーワートが考えているほど悲劇的ではないと述べ、ゾンビ化の危険性に関する警告を打ち消している。レヴィによれば、私たちの経験に大切にすべき多くの側面（色彩の経験、美的、感覚的な喜び、対人関係の親密さ、自己の感覚、痛みなど）があるのはシーワートの言うとおりかもしれないが、それらを現象的意識に帰属させるのは間違いだという。実際には、それらはアクセス意識に依存しているというのだ。レヴィの主張に従えば、私のゾンビも、アクセス意識のすべての機能（考える、行動する、話すなど）を行うし、現象的意識ファーストの論者が誤って現象的意識に帰属させるすべての経験を行うだろう。つまり、ゾンビの生命は、他の人が考えているほど悲劇的でもなく、枯渇しているわけでもないらしい。残念ながらレヴィは、シーワート（および実際にこの分野で働くほとんどの専門家）が現象的意識に帰属させるものをすべてアクセス意識に恣意的に転嫁することによってのみ、シーワートの立場を崩している。ゾンビの自分は現象的意識がないにもかかわらず、痛みを感じ、芸術の美しさを楽しみ、友情の喜びを感じ、性的な喜びを経験するという彼の主張は、ゾンビには内面（現象学）がないという

定義を考えれば、支離滅裂なものでしかない。どんなゾンビが自己意識をもつというのか？　どんなゾンビが友情を育み、オキーフやジャコメッティを鑑賞するためにMOMAに行くのか？　どんなゾンビがオーガズムを感じるのだろうか？　レヴィは、現象的意識とアクセス意識の区別の核心を誤解しており、それゆえに彼が論じる現象的状態の非認識的な次元が認識できていないのではないかと心配せざるをえない。

21　Levy and Savulescu (2009), p.367.

22　Levy and Savulescu (2009), p.367.

23　Kahane and Savulescu (2009), p.21（傍点は引用元）。

24　哲学者エヴァ・フェダー・キティとリシア・カールソンは、『認知障害とその道徳哲学への挑戦』のなかで、帰結主義者による快の順位づけは無知と偏見の悲惨な混合物に根ざしていると指摘している（Kittay and Carlson, 2010、Kittay, 2009 を参照）。同じことは、道徳的地位に対するアクセス意識ファーストのアプローチにも当てはまる。このアプローチの支持者は、私を深く悩ませる道徳的立場を擁護してきた。ジュリアン・サヴァレスキュは、認知障害や低IQの人々の出生を積極的に防ぐ道徳的義務があると主張し、生命倫理の分野でキャリアを積んできた。彼の著作に優生学的イデオロギーの明らかな響きを見いだしたのは、私が初めてではないだろう。サヴァレスキュの障害者差別に対する批判は、Sparrow (2010) and Hall (2016, pp.20–23) を参照。

25　ミルの現代の弟子たちは、その道徳基準に亀裂が生じただけでなく、重大な認識論上の問題にも直面している。満足した豚より不満足な人間である方がましだと豪語するミルに、満足した豚であるとはどういうことなのかが、はたしてわかるのだろうか？　おそらく、わかることはあまりないだろう。同様に、動物や障害をもつ人間の生活は、神経機能が標準的な人間の生活よりも、客観的に低い価値しかもたらさないと主張するレヴィ、カハネ、サヴァレスキュは、いったいどのような認識論的根拠に基づいているのか？　自分たちが経験していない生命の形態、自分たちが暮らしていない生命の世界について、彼らがこれほど自信をもって語れる根拠は何なのか？　これは避けては通れない問題だ。不満足なソクラテスであるよりも、満足な愚者である方が本当に良いことだと誰が言えるのだろうか？　哲学者であるミルは彼なりの答えをもっていたが、愚者の意見はそれとは異なるかもしれない。

26　Shepherd (2018), pp.98-99 に引用されている。シェファードは、ヘレニズム哲学者のエピクロスも同様に引用できたはずである。エピクロスは、幸福（ユーダイモニア）の鍵は、アリストテレスが説いたように理論的な理性（テオリア）にあるのではなく、平静（アタラクシア）、つまり、不要に混乱することなく生きられる人生にあると説いた。

27　動物倫理に対するカント派のアプローチについては、O'Neill (1997) and Korsgaard (2018) を参照。

28　Kriegel (2017), p.127.

29　Kriegel (2017), p.127.

30　クリーゲルは天気読みのイメージを Strawson (2012) から拝借している。

31　Kriegel (2017), p.127.

32　Kriegel (2019), p.516.

33　カント派の多くがこの立場を採用し、道徳的行為の与え手と道徳行為の受け手を区別している。

34　Kriegel (n.d.), p.27.

35　クリーゲルの分析には、明らかにレヴィナス的な香りが漂っている。ユダヤ人の哲学者エマニュエル・レヴィナスは、『全体性と無限』や『存在の彼方へ』といった著作のなかで、根本的な他者性——レヴィナスの好む表現を借りれば「他性 (alterite)」——に根ざした倫理哲学を展開した。この他者性によって、他者は捉えどころのない存在となる。他者とは、私がどのカテゴリーにも包含できない「無限」であり、それにもかかわらず、道徳的に責任を負うべき相手なのだ。Levinas (1979, 1981) を参照。

36　Kriegel (2017), p.31.

37　Kriegel (2017), p.133.

38　Kriegel (2017), p.131.

39　プラトンの『国家』のなかで、ソクラテスはグラウコンに対して、無法の快は「我々すべてのなかに見つかる」と述べる。「それはどのような欲望のことですか？」とグラウコンが尋ねると、ソクラテスは次のように答える。「[そうした欲望は] 魂の残りの部分、理知的で穏やかで支配的な部分が眠っているとき、そして、獣的で猛々しい部分が、食事やワインで満たされたうえで、飛び跳ねては眠りを拒否して、自分の本能を満足させようと外に出るときに起こるものだ。このような場合、君も知っているとおり、あらゆる羞恥と思慮から解き放たれて、どんなことでも躊躇なく実行してしまう。すなわち、想像のうちではあるが母親と交わったり、人間であれ神であれ獣であれ、誰彼かまわず交わることに、何のためらいも感じない。血を伴うどんな悪行もやりとげるし、どんな食べ物にも手を出す。要するに、愚さにも無恥にも何ひとつ不足することはないのだ」(Plato, 2000, 571d)。

40　Driver (2007) を参考にしている。

41　夢の内容と道徳性の関係というテーマは、「フィロソフィー」に掲載された2本の論文、Matthews (1981) と Mann (1983) によって1980年代に再登場した。どちらも、私たちは夢の内容に道徳的責任をもつかということを題材にしている。これらの論文の考察については、Driver (2007) を参照。

42　スパーリングの実験では、3列の文字列が記されたカードを見せたあと、上段、中段、下段の文字列を思い出してもらうことで、被験者の作業記憶を検査した。被験者は、どれか1列ならば思い出す（つまりアクセスする）ことはできたが、すべての列を思い出せた人はいなかった。ある1列を思い出そうとすると、他の文字列への認知的アクセスが消失してしまったからだ。ブロックはこれを、刺激を受けてから思い出すまでの間に、被験者はカードを全体として（「アイコン」として）視覚的に把握したが、その構成要素にはまだアクセスしていないという意味にとった。被験者は現象的には意識していたが、文字列へのアクセスは意識していなかったのである。ブロックは次のように書いている。「私が正しいと思っていて、私のケースに必要な説明はこうだ。私はすべての（あるいはほとんどすべての）文字を一度に、つまり一緒くたに、ぼんやりした文字や曖昧な文字としてではなく、特定の文字（あるいは少なくとも特定の形状）として現象的に意識しているが、それらすべてに

一度に、一緒くたにアクセスすることはできない」(Block, 1995, p.244)。

43 Sebastián (2014a), p.278.

44 Sebastián (2014a), p.276.

45 夢を見ているときの脳は、私たちを想像の世界に没頭させるのに忙しく働いている。にもかかわらず、こうした活動がdlPFCで展開することは決してない。その大部分は、一次視覚野や一次聴覚野などの基本的な感覚が知覚される領域で生じているのだ。

46 セバスチャンは次のように説明している。「さて、私が主張してきたように、dlPFCが認知アクセスにおいて基本的な役割を果たしているのならば、明晰夢を見ている間にその活動が増大することが予想され、それは私の主張をさらに裏づけることになるだろう。この仮説に対する予備的な経験的証拠は、いくつかの研究によって得られている。たとえば、Wehrle et al. (2005) と Wehrle et al. (2007) は、fMRIを用いて明晰夢を見ているときの脳領域の活性化を研究し、非明晰夢に比べ、前頭部のみならず側頭部や後頭部も高度に活性化することを示している。Voss et al. (2009) は、訓練された被験者が明晰夢を見ると、前頭部で特に40Hz帯の脳波が増加することを示している。Dresler et al. (2012) は、明晰夢と非明晰夢のレム睡眠を対比して得られた明晰夢の神経相関を発表している。驚くことではないが、dlPFC(ブロードマン46野)は、活動の著しい増加が記録される領域のひとつである」(Sebastián, 2014a, p.278)。

47 Sebastián (2014a, pp.276–77) は、夢の現象論的解釈を擁護しているという点で、イマニエル・カント、バートランド・ラッセル、G.E. ムーア、ジークムント・フロイトといった、同様のことを行った著名な西洋哲学者たちと肩を並べたと言えるだろう(Sebastián (2014b) も参照)。彼はまた、解釈を共有している点で、Ichikawa (2009)、Ichikawa and Sosa (2009)、Metzinger (2003, 2009)、Revonsuo (2006)、Sosa (2005) などの現代の夢研究者にも連なっている。Pantani et al. (2018) も、この夢の現象論的解釈を共有している。ただし、Damasio (1989) が脳の収束 - 発散ゾーンと呼ぶところ(特に感覚体験が中央処理に利用可能になる前、言い換えれば、Baars (1997) の「グローバル・ワークスペース」につながる情報ボトルネックを通過する前に、統合を担うゾーン)で夢が作られると考えている点は異なっている。

48 例として、バーナード・バースのグローバル・ワークスペース理論やスタニスラス・ドゥアンヌのコンシャスアクセス理論が挙げられる。

49 例として、デイヴィッド・ローゼンタールのメタ認知理論や、マイケル・タイの意識の「PANIC」理論が挙げられる。

50 この文献に定期的に現れる重要な問いは、道徳的地位は0か1かの問題なのか、それとも程度の問題で、動物によって地位が高かったり低かったりするのか、というものだ。もし0か1かの問題であれば、それを「もつ者」と「もたざる者」は誰なのか? あるいはそれが程度の問題であれば、その道徳的地位の程度を、異なる種の間で、または同種の異なる構成員の間で、どう決定するのか? どのように測定され、割り当てられるのか? デグラツィアは、道徳的地位は程度として現れるとする主張を二つに分けている(DeGrazia (2009))。ひとつは「二層モデル」で、すべての人間は完全な道徳的地位をもち、それ以外のすべての動物は部分的な道徳的地位をもっている、というものだ。もうひとつは「スライドモデル」で、それが「どのような存在か」によって、動物ごとに異なる道徳的地位を割り当てるものである。

51　DeGrazia (1991), p.49.

52　Gruen (2017), p.1.

53　ここで私の念頭にあるのは、ピーター・カラザーズ、R.G. フレイ、ジョゼフ・ルドゥーのような人たちのことである。たとえばカラザーズは、動物は意識をもたないという見解から、動物は「私たちの共感に対して合理的な要求をしない」という見解へとあっという間に到達している（Carruthers, 1989, p.268）。

54　マーク・ベコフとデイル・ジェイミソンは、近代の動物の権利運動の歴史を振り返って、20 世紀末にピーター・シンガーの『動物の解放』が大きな影響力をもったのは、心理学と認知科学におけるポスト行動主義の発展によって、すでに受容の道が開かれていたからだと説明している。ポスト行動主義が、シンガーの立場を承認したというわけではない。その発展によって、動物の心に対する私たちの集団的な視点が変化し、シンガーの立場を文化的に理解しやすくなったということである。もしその発展がなかったなら、おそらくシンガーのメッセージは文化的な基盤をもてず、受け入れられることもなかっただろう。

■エピローグ　動物という主体、世界を築き上げる者

1　Hacking (2004), p.233.

2　Cavalieri (2003).

3　フロイトは『夢判断』のなかで、夢を内容に基づいて 3 つの種類に分類している。まず、現象学的に理路整然としており、実存的に正常な夢がある。これは、現実で経験しうるありふれた状況を描いたもので、目覚めたあとに自分の人生の物語に組み込んでも何の違和感もないものだ（たとえば、私が授業をしている夢など）。次に、現象学的には理路整然としているが、実存的には異常な夢がある。この夢の場合、現象的な内容は「無理なくつながっている」かもしれないが、物語の内容は自己理解と一致していない（たとえば、家族とセックスをする夢など）。場面としては完璧に秩序を保っている一方で、そこで表現された欲望を自分のものと認めるのは難しいのである。そうした夢を見ても、それが自分の自己理解に適合しているとは思えない。そして最後に、全体が支離滅裂な夢がある（たとえば、自分は空飛ぶ 10 本足のトカゲであり、またロシアの皇帝でもあり、突如としてクマにもなる夢など）。フロイトが特に興味をもっていたのは後者 2 つの夢である。

4　Guardia (1892), p.226.

5　Hartmann (2008), p.53.

6　Wolfe (2013), p.94.

7　ホブソンによると、夢の状態は、あらゆる主観的な経験をそのもっとも単純で純粋なかたちで動かす「自己創造的な気質」を具現化し、その主観的な経験を覚醒時の状態よりも「機能的に優れた」ものにするという（Hobson, 2001, p.9）。

8　スペインの哲学者ハビエル・サン・マルティンとマリア・ルース・ピントス・ペニャランダは、「動物の生命と現象学」と題する小論のなかで、現象学的哲学は昔から人間経験の研究を特権的に扱ってきたが、動物は「構成的存在」であるとして、現象学の主観性の概念を拡張できると主張している（San Martín and Pintos Peñaranda, 2001）。

9 Pearson and Large (2006), p.119.

10 Pearson and Large (2006), p.115.

11 Quoted in Domash (2020), p.108.

【著者】

デイヴィッド・ピーニャ＝グズマン
（David M. Peña-Guzmán）

サンフランシスコ州立大学の人文科学准教授。

動物学、意識の理論、科学史が専門。

共著に *Chimpanzee Rights: The Philosophers'Brief* がある。

【訳者】
西尾義人（にしお・よしひと）
翻訳家。訳書にチンケル『アリたちの美しい建築』、
シーリー『野生ミツバチの知られざる生活』（青土社）などがある

動物たちが夢を見るとき
動物意識の秘められた世界

2023 年 3 月 25 日　第一刷印刷
2023 年 4 月 10 日　第一刷発行

著　者　デイヴィッド・ピーニャ＝グズマン
訳　者　西尾義人

発行者　清水一人
発行所　青土社

〒 101-0051　東京都千代田区神田神保町 1-29　市瀬ビル
［電話］03-3291-9831（編集）　03-3294-7829（営業）
［振替］00190-7-192955

印刷・製本　シナノ印刷
装丁　大倉真一郎

ISBN978-4-7917-7547-7　Printed in Japan